KB006125

대한민국 으뜸 농사기술서

고추

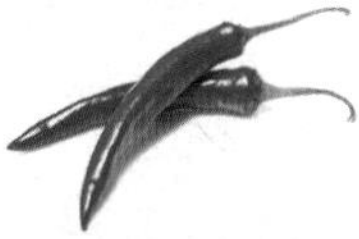

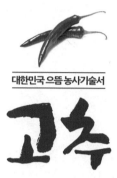

대한민국 으뜸 농사기술서

고추

농민신문사

책을 내며

 고추는 우리나라를 대표하는 농산물로서 국민의 의식과 행동에까지 크게 영향을 미치는 작물이다. 농작물로서도 벼 다음으로 생산액이 많아서 고추, 풋고추, 파프리카를 합하면 연간 1조 2000억 원을 상회하는 매우 중요한 위치를 점하고 있다. 이와 같은 고추 생산의 중요성에 따라 품종 육성과 재배법의 개발도 활발하여 용도에 알맞은 품종이 다양하게 개발되고 있으며, 수확량의 증대와 품질을 향상할 수 있는 재배법도 개발되어 보급되고 있다. 최근에는 비가림재배 기술이 보급되어 점증하는 기상이변속에서도 안전하게 수확량을 확보할 수 있게 되었고 품질의 향상과 안전성도 높일 수 있는 성과를 얻고 있다. 그러나 고추를 둘러싼 여건은 그리 밝지 않아서, 중국 등지로부터의 수입량이 지속적으로 늘어나고 있어 수요와 공급의 불균형 현상이 지속되고 그에 따라 국내의 생산기반이 매우 약화되어 우려를 낳고 있다. 특히 농민의 고령화와 노동력 부족으로 악성 노동이 요구되는 고추재배 종사자가 점차 줄어 고추의 종주국이라고 자부하는 우리나라의 생산기반이 흔들리기까지 하는 어려움을 부추기고 있다.

우리나라 고추 산업의 수익성을 보장하며 소비자에게 안전한 먹거리를 제공할 수 있는 길은 양질의 고추를 생산하는 길밖에 없다는 생각으로 이 책을 편집하게 되었다. 따라서 새로 고추산업에 진입하는 농가나 그동안 고추를 생산하고 있던 농가에서 모두 참고할 수 있는 책을 만들고자 했다. 고추 생리생태를 기반으로 한 기본 지식을 갖추면서 최신 재배법을 소개하였고, 고추 경영에 대한 자세한 설명을 통해 생산자가 수익을 높이려면 어떻게 해야 하는지 설명하였다. 고추 경영 분석 자료에서 생산비를 줄이기 위해 꼭 필요한 병해충 방제와 수확 후 관리를 잘 하기 위한 기술을 자세하게 설명하고자 하였다.

출간에 도움을 주신 농민신문사 관계자 분들께 감사를 드리며 알찬 내용을 짧은 시간에 집필해야 하는 어려움을 무릅쓰고 원고를 작성하고 자료를 흔쾌하게 제공해주신 집필진의 노고에도 감사를 드린다.

책을 구상하며 목표로 세웠던 '쉽고 좋은 책'을 만드는 데 부족함이 있고, 특히 고추재배기계화에 대한 것은 아직 연구단계에 있어 다루지 못한 것이 아쉽다. 이번에 수록하지 못한 것은 다음 기회의 숙제로 하고 미흡한 내용으로 발간하게 된 점을 이해해 주시기를 부탁드린다. 아무쪼록 이 책의 내용이 우리나라 고추산업이 발전하는 데 조금이라도 도움이 되길 기대한다.

2016. 9.

집필자를 대표하여

농학박사 오 대 근

c o n t e n t s

고추
재배기술

1장.
고추 국내외 산업현황과
경영적 특성

1. 재배 현황

1 국내 생산현황

고추는 최근에 다양한 기능성과 함께 소비 및 이용이 전세계적으로 확대되고 있으나, 우리나라에서는 최근 재배면적과 생산량이 감소하고 있다. 과거 국내에서 고추는 주로 조미료로 쓰이는 건고추와 생식용 또는 찌개용으로 쓰이는 풋고추로 나뉘어져 주로 건고추 이용이 대부분을 차지하였으나 최근에는 풋고추 및 단고추의 소비가 늘어나고 있다.

건고추는 우리나라에서 1975년 이래 채소류 중 가장 넓은 재배면적을 차지하고 있는 채소이었지만 최근에는 지속적으로 재배면적이 감소하여 2014년 기준 36,120ha에서 85,068M/T의 건고추가 생산되었다(표 1-1). 고추 재배면적이 감소하는 이유는 농촌 노동력의 부족, 힘든 노동의 회피, 급변하는 이상기상에 따른 연차간의 작황 변동, 오랫동안 상승하지 않는 고추 가격 등을 들 수 있다. 풋고추의 연도별 재배상황은 (표 1-1)과 같다. 풋고추의 재배면적은 2008년까지 꾸준히 증가하다가 이후 감소하는 경향을 보이며, 2014년 재배면적은 4,619ha, 생산량은 185,915M/T으로 10a당 평균 수량은 4,025kg이었다.

2014년 지역별 노지고추 재배면적은 전체 36,120ha 중 경북이 8,587ha로 전체의 23.8%를 차지하고, 다음이 전남 18.8%, 전북 12.7%, 충남 10.5%, 충북 9.0% 순이다. 2014년도 지역별 시설풋고추 재배면적은 전체 4,619ha 중 경남이 전체의 35.8%인 1,654ha로 가장 많고 이어서 강원 841ha, 전남 620ha, 충남 452ha 순이다. 최근 강원도 지역에서의 풋고추 재배면적이 급격히 늘어 경남 다음으로 많은 면적을 차지하고 있는 것은 여름철 고랭지 풋고추 재배면적이 늘어나고 있기 때문인 것으로 판단된다.

표 1-1 연도별 노지 건고추와 시설 풋고추의 재배면적 및 생산량

노지 건고추			
연도	고추재배면적(ha)	10a당 수량(kg)	생산량(M/T)
1946~1950	10,729	205	22,270
1950~1955	11,376	324	36,974
1956~1960	13,320	208	27,607
1961~1965	17,277	230	39,797
1966~1970	30,867	223	66,799
1971~1975	55,346	159	84,531
1976~1980	103,751	109	115,595
1981~1985	120,853	124	148,882
1986~1990	89,955	188	165,026
1991~1995	81,787	172	173,951
1996~2000	76,740	254	194,995
2001	70,736	255	180,120
2002	72,104	267	192,753
2003	57,502	230	132,500
2004	61,894	250	154,960
2005	61,299	263	161,380
2006	53,097	220	116,915
2007	54,876	292	160,398
2008	48,825	253	123,509
2009	44,817	262	117,324
2010	44,584	214	95,391
2011	42,574	181	77,110
2012	45,459	229	104,146
2013	45,360	260	117,816
2014	36,120	236	85,068

시설 풋고추			
연도	고추재배면적(ha)	10a당 수량(kg)	생산량(M/T)
1966~1970	138	3,425	2,499
1971~1975	327	4,608	1,461
1976~1980	953	11,457	1,248
1981~1985	1,850	25,625	1,395
1986~1990	2,386	42,145	1,806
1991~1995	3,660	89,427	2,408
1996~2000	4,981	159,164	3,165
2001	5,517	231,630	4,198
2002	4,620	188,403	4,078
2003	5,648	218,164	3,863
2004	6,485	255,319	3,937
2005	5,724	233,913	4,087
2006	5,606	236,052	4,211
2007	5,966	253,738	4,253
2008	6,060	262,254	4,328
2009	5,704	233,112	4,087
2010	5,392	205,071	3,989
2011	4,814	185,147	3,846
2012	4,995	197,869	3,961
2013	4,851	181,069	3,733
2014	4,619	185,915	4,025

| 표 1-2 | 시도별 노지 건고추 및 시설 풋고추 재배면적 (2014년도) |

지역	건고추		풋고추	
	재배면적(ha)	비율(%)	재배면적(ha)	비율(%)
전국	36,120	100	4,619	100
서울	7	0	40	0.9
부산	48	0.1	−	−
대구	127	0.4	19	0.4
인천	589	1.6	−	−
광주	139	0.4	298	6.5
대전	83	0.2	9	0.2
울산	182	0.5	4	0.1
경기	2,919	8.1	316	6.8
강원	2,674	7.4	841	18.2
충북	3,242	9.0	97	2.1
충남	3,792	10.5	452	9.8
전북	4,584	12.7	128	2.8
전남	6,792	18.8	620	13.4
경북	8,587	23.8	138	3.0
경남	2,335	6.5	1,654	35.8
제주	20	0.1	3	0.1

※ 세종시는 충남도에 포함

2 국외 생산현황

주요 국가별 풋고추 및 건고추 재배면적과 생산량이 많은 상위 10개국의 현황은 (표 1-3)과 같다. 2012년 풋고추 재배면적과 생산량은 최근 꾸준히 증가되어 2011년 대비 각각 0.9%, 4% 증가 되었다. 건고추도 재배면적과 생산량이 증가되었는데 재배면적은 2.7%가 증가하였으나 생산량은 소량 증가했다.

풋고추 재배면적과 생산량은 상위 10개국이 전체 재배면적의 80%, 생산량의 84%를 차지하고 있고, 건고추는 각각 86%, 79%를 차지하고 있다.

전 세계적으로 고추의 재배면적과 생산량이 가장 많은 나라는 중국이다. 2012년 중국의 고추 재배면적과 생산량은 풋고추의 경우 세계 풋고추 재배면적 191만 4천ha 중 70만7천ha로 전체 재배면적의 36.9%를 차지하고 있고, 생산량은 전체 생산량 3,117만1천 톤의 51.3%인 1,600만 톤이다. 건고추 재배면적과 생산량은 전세계 재배면적 198만9천ha 중 43,000ha로 세계 9위인 2.2%, 생산량은 전체 생산량 335만2천 톤 중 29만 톤으로 8.7%를 생산하여 제2의 건고추 생산국이다. 중국의 주요 고추 재배품종은 중국내의 많은 종자회사 및 연구기관에서 품종을 육성하여 공급하고 있고, 일반종 품종과 일대잡종 품종들이 혼재되어 재배되고 있다. 최근에는 우리나라 일대잡종 고추 종자가 수출되어 재배면적이 급격히 늘어나고 있고, 중국 자체 육성한 일대잡종 고추 품종의 보급도 활발하다.

중국 다음으로, 세계의 주요 풋고추 생산 국가는 인도네시아, 에티오피아, 멕시코, 터키, 나이지리아 등의 순이다.

건고추 재배면적이 많은 국가는 인도, 에티오피아, 미얀마, 방글라데시, 파키스탄 순이다. 2012년에는 인도의 건고추 재배면적과 생산량이 줄어 2011년 86만9천ha 대비 8.7%가 감소한 79만3천ha, 생산량은 129만9천 톤으로 2011년 생산량 대비

10.1% 감소하였으나 전 세계 건고추 재배면적의 39.9%, 생산량의 38.8%를 점유하여 건고추 재배면적과 생산량이 가장 많은 국가이다. 재배품종은 자국의 고정 재래종 품종이 대부분이고 최근 우리나라 고추 품종의 종자 수출이 늘어남에 따라 일대잡종 품종의 재배가 늘어나고 있고, 인도 자국의 일대잡종 품종 개발 및 보급도 급속하게 늘어나고 있다.

표 1-3 국가별 풋고추와 건고추 재배면적과 생산량 (2012년, FAO)

풋고추						
순위	재배면적			생산량		
	국가	면적(ha)	비율	국가	생산량(톤)	비율
계	세계	1,914,685	100	세계	31,171,567	100
1	중국	707,000	36.9	중국	16,000,000	51.3
2	인도네시아	242,196	12.6	멕시코	2,379,736	7.6
3	에티오피아	147,092	7.7	터키	2,072,132	6.6
4	멕시코	136,132	7.1	인도네시아	1,656,615	5.3
5	터키	96,000	5.0	미국	1,064,800	3.4
6	나이지리아	60,000	3.1	스페인	1,023,700	3.3
7	한국	50,454	2.6	이집트	650,054	2.1
8	이집트	39,819	2.1	나이지리아	500,000	1.6
9	미국	30,880	1.6	알제리	426,566	1.4
10	베냉	24,352	1.3	에티오피아	402,109	1.3

주) 풋고추는 세계 122개국에서 재배, 생산되고 있음 (http://faostat.fao.org)

건고추						
순위	재배면적			생산량		
	국가	면적(ha)	비율(%)	국가	생산량(톤)	비율(%)
계	세계	1,989,664	100	세계	3,352,163	100
1	인도	793,590	39.9	인도	1,299,940	38.8
2	에티오피아	350,000	17.6	중국	290,000	8.7
3	미얀마	132,000	6.6	페루	175,000	5.2
4	방글라데시	99,000	5.0	방글라데시	172,000	5.1
5	파키스탄	65,000	3.3	파키스탄	150,000	4.5
6	태국	65,000	3.3	태국	145,000	4.3
7	베트남	64,000	3.2	미얀마	128,000	3.8
8	루마니아	56,000	2.8	에티오피아	100,000	3.0
9	중국	43,000	2.2	가나	100,000	3.0
10	나이지리아	36,000	1.8	베트남	93,000	2.8

주) 건고추는 세계 66개국에서 재배, 생산되고 있음 (http://faostat.fao.org)

2. 수출·입 동향

국내 고추류 수입 물량 및 금액은 2011년까지 꾸준히 증가하였으나 이후 다소 감소하고 있다(그림 1-1). 주요 수입국은 중국으로 2014년도 전체 수입 물량과 금액의 90.4%, 88.4%를 차지하고 있고, 다음이 베트남으로 9.5%, 11.2%를 차지하여 2013년 대비 중국에서의 수입량과 금액은 줄어들고, 베트남에서의 수입이 증가되고

있다. 이외에도 고추를 수입하는 국가는 인도, 멕시코, 일본 등 28
개국에서 수입이 이루어지고 있다(표 1-4).

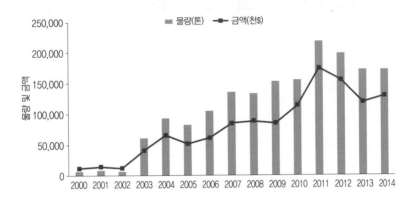

〈그림 1-1〉 연도별 고추류 수입물량 및 금액 변화 (http://www.kati.net)

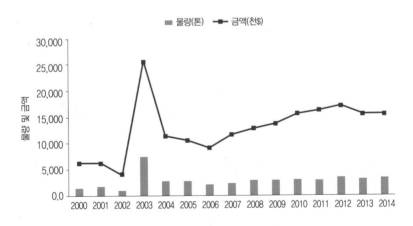

〈그림 1-2〉 연도별 고추 수출 물량 및 금액 변화 (http://www.kati.net)

표 1-4 주요 국가별 고추류 수입 물량 및 금액

2013년			2014년		
국가	물량(톤)	금액(천$)	국가	물량(톤)	금액(천$)
계	173,316	118,472	계	172,725	128,625
중국	164,334.0	111,849.5	중국	156,205.8	113,664.9
베트남	8,894.4	6,183.4	베트남	16,400.1	14,441.3
인도	35.7	83.1	인도	52.6	127.0
이스라엘	14.0	51.7	멕시코	29.0	62.7
일본	12.7	165.8	일본	9.6	116.8
태국	12.5	53.0	이스라엘	9.0	32.9
스리랑카	7.2	18.4	태국	6.4	27.4
이탈리아	2.7	43.8	말라위	5.2	40.3
말라위	1.9	15.5	스리랑카	2.0	4.9
방글라데시	0.7	1.2	이탈리아	1.8	30.1

표 1-5 주요 국가별 고추류 수출 물량 및 금액

2013년			2014년		
국가	물량(톤)	금액(천$)	국가	물량(톤)	금액(천$)
61개 국가	3,076.90	15,176.70	66개 국가	3,242.50	15,236.40
일본	1,272.5	7,174.4	일본	1405.4	6777.0
미국	697.8	3,077.4	미국	635.4	2990.6
대만	377.7	1,455.3	대만	351.1	1309.3
캐나다	130.5	644.5	캐나다	152.6	765.9
호주	117.9	623.9	필리핀	105.3	559.6
필리핀	80.2	365.8	베트남	101.3	451.8
인도네시아	57.8	284.7	호주	77.0	436.8
남아프리카공화국	47.8	135.7	인도네시아	118.6	426.7
베트남	45.8	177.0	말레이시아	50.6	258.3

우리나라 고추류의 수출 물량 및 금액은 조금씩 증가되고 있다〈그림 1-2〉. 주요 수출국은 일본이 전체의 44.5%로 가장 많고, 다음으로 미국 19.6%, 대만 8.6%, 캐나다 5.0% 순이고 이외에도 필리핀, 베트남, 호주, 인도네시아 등 66개국에 수출이 되고 있으며, 상위 20개국의 수출액이 전체의 97.8%수준이고 주요 수출국별 물량 및 금액은 (표 1-5)와 같다.

표 1-6 고추류의 주요 수출·입 품목별 물량 및 금액(비율)

구분	수입		수출	
	2014		2014	
	물량(톤)	금액(천$, %)	물량(톤)	금액(천$, %)
고추–계	172,725	128,625 (100)	3,242.5	15,236.4 (100)
기타(고추류)	0.0	0.0 (–)	1,045.1	4,283.8 (28.1)
고추류(건조한 것, 파쇄하지 아니한 것으로서 분쇄도 하지 아니한 것)	2,680.8	7,568.90 (5.9)	0.6	8.6 (0.1)
고추류 (파쇄 또는 분쇄한 것)	2,561.0	5,237.00 (4.1)	2,196.7	10,943.9 (71.8)
캐프시컴속 또는 피멘타속의 열매(냉동)	167,483.7	115,818.8 (90.0)	0.0	0.0 (–)
고추류(일시저장처리/ 고추의 것)	0.0	0.0 (–)	0.0	0.0 (–)

(http://www.kati.net)

고추류의 주요 수입 품목은 (표 1-6)과 같이 전체 수입 품목의 90.0%가 냉동 고추이고, 다음이 건조한 것으로 분쇄하지 않은 고추류가 5.9%, 분쇄한 고추류 4.1%순이다.

주요 수출 품목으로는 분쇄한 고추류가 전체의 71.8%로 가장 많고, 다음으로 기타(고추류)가 28.1%, 분쇄하지 않은 건조한 고추류가 0.1% 순이다(표 1-6).

3. 경영적 특성

지난 2010부터 2014년까지 최근 5년간 건고추의 연도별, 월별 가격(건고추, 화건 상품기준) 동향은 〈그림 1-3〉과 같다. 최근 5년간 연도별 건고추 가격 동향을 보면 2011, 2012년도가 평년보다 매우 높게 가격이 형성되었다. 월별로는 2011년 8월부터 급격히 건고추 가격이 높아져서 2012년도 8월까지 높게 유지되었다가 이후에 낮아지는 모습을 보였다. 2011년도 건고추 주 수확기인 8월부터 가격이 급격하게 높아졌던 것은 수확기의 병해 발생 증가와 재배면적의 감소로 인한 생산량 부족이 주된 원인으로 판단된다. 2014년에는 2013년의 생산량 증가로 평균가격 이하로 유지되었다

지난 2010년부터 2014년까지 최근 5년간 풋고추의 가격동향은 〈그림 1-4〉와 같이 연차 간 월별로 상당한 차이가 있었다. 연차

간에는 2010년 3월 가격이 kg 당 1만 원이 넘어 가장 높은 가격이 유지되었다. 월별로는 겨울철인 11월부터 3월까지 가격이 전반적으로 높고 4월부터 10월까지 상대적으로 낮은 편이다. 2011년에는 7월, 8월 가격이 다른 해에 비교하여 상대적으로 높게 유지되었는데 이는 건고추의 공급 물량 부족으로 가격이 높아져서 풋고추의 가격도 상승한 것으로 생각된다. 이후 2013년도에는 전반적으로 평균가격 이하로, 2014년도에는 평균 가격 이상으로 유지되었다.

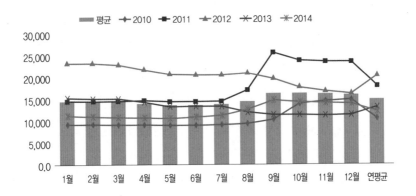

〈그림 1-3〉 연도별, 월별 건고추 가격동향(화건 상품, 도매가격 기준)
(한국농수산식품유통공사 :http://www.kamis.co.kr/customer/price/wholesale)

붉은 고추의 최근 5년간 가격동향은 〈그림 1-5〉와 같이 풋고추와 마찬가지로 연차, 월별로 상당한 차이가 있었다. 가격이 가장 높았던 시기는 2012년 4월로 kg당 가격이 15,315원까지 상승하였다. 월별로는 전반적으로 4월의 가격이 높았고, 2010년에는 11월, 12월 가격도 상당히 높게 유지되었다. 2013년에는 풋고추와 같이 평균가격보다 다소 낮게 거래가 되었고, 2014년도에는 9월 이후 가격이 증가되어 평균가격 이상으로 유지되었다.

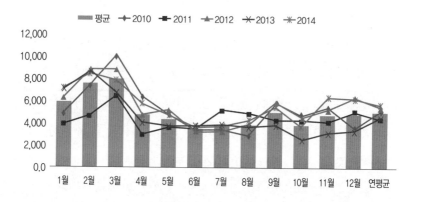

〈그림 1-4〉 연도별, 월별 풋고추 가격동향(상품, 도매가격기준)
(한국농수산식품유통공사 :http://www.kamis.co.kr/customer/price/wholesale)

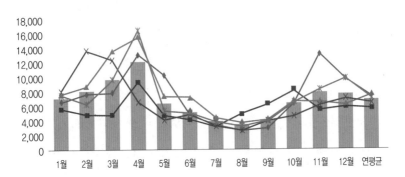

■평균 ◆2010 ■2011 ▲2012 ✕2013 ✳2014

〈그림 1-5〉 연도별, 월별 붉은 고추 가격동향(상품, 도매가격 기준)
(한국농수산식품유통공사 : http://www.kamis.co.kr/customer/price/wholesale)

연도별 노지 건고추의 소득 변화를 보면(표 1-7) 1980년대 후반기부터 2001년까지 꾸준히 증가되는 경향이었다. 이후 2002년과 2005년에는 소득이 전년도에 비교하여 오히려 낮아졌다가 2006년 이후 2011년까지 2010년을 제외하고는 지속적으로 증가되었다. 특별히 2011년도에는 다른 해에 비교하여 두 배 정도 소득이 증가하여 10a 당 322만 원까지 증가되었다. 이는 2011년도 노지 건고추 재배면적 감소와 수확기의 병해 발생 증가로 생산량 감소에 따른 가격 상승으로 판단된다. 연도별 노지 건고추 소득률은 1980년도 84.9%까지 높았던 해가 있었지만 그 이후는 62.1~78.5% 사이로 유지되었다.

시설 풋고추의 연도별 소득도 노지 건고추와 마찬가지로

1990년대부터 급속히 증가하였다가 2005년, 2007년도에는 전년도에 비교하여 다소 낮아졌으나, 이후 지속적으로 증가하여 2010년에는 10a당 1,080만 원으로 최고에 달한 후, 2011년도에는 803만 원으로 다소 낮아졌다(표 1-7).

표 1-7 연도별 노지 건고추 및 시설 풋고추의 표준소득 변화 (연 1기작/10a)

노지 건고추			
연도	조수입(원)	소득(원)	소득률(%)
1980	686,083	582,266	84.9
1985	707,075	496,771	70.3
1990	855,496	552,395	64.6
1995	1,613,201	1,266,483	78.5
2000	1,837,157	1,409,639	76.7
2001	2,159,900	1,687,149	78.1
2002	1,887,237	1,420,322	75.3
2003	2,333,302	1,806,670	77.4
2004	2,384,926	1,842,241	77.2
2005	2,209,103	1,571,555	71.1
2006	2,484,390	1,790,891	72.1
2007	2,544,211	1,792,682	70.5
2008	2,635,983	1,822,068	69.1
2009	2,856,825	2,001,435	70.1
2010	2,452,345	1,523,014	62.1
2011	4,127,265	3,223,723	76.4
2012	4,322,148	3,288,168	76.1
2013	2,910,452	1,877,008	64.5
2014	2,999,310	1,924,646	64.2

(농촌진흥청, 농축산물소득자료집)

시설 풋고추			
연도	조수입(원)	소득(원)	소득률(%)
1980	739,665	587,243	79.4
1985	951,101	618,959	65.1
1990	4,484,025	3,265,024	72.8
1995	8,002,917	4,335,183	54.2
2000	11,752,659	4,945,611	42.1
2001	12,757,658	5,668,094	44.4
2002	14,240,804	7,200,381	50.6
2003	14,565,510	7,625,891	52.4
2004	14,979,913	7,802,368	52.1
2005	14,299,632	7,206,938	50.4
2006	17,523,424	8,878,048	50.7
2007	16,373,600	7,532,511	46.0
2008	18,030,068	8,607,762	47.7
2009	18,513,872	10,062,362	54.4
2010	19,616,454	10,801,843	55.1
2011	17,460,217	8,031,275	46.0
2012	21,975,510	10,102,429	46.0
2013	18,124,120	8,548,228	47.2
2014	18,762,999	9,511,034	50.7

2장.
알맞은 품종 선택

1. 품종선택의 중요성

　고추 재배 농업인으로서 가장 중요하고 어려운 숙제는 어떤 품종을 재배하느냐라는 것이다. 어떤 고추 품종을 선택하느냐에 따라 그해에 소요되는 종자값을 비롯하여 인력, 농자재 등 경영비가 좌우되고 수확 후 건조과정과 시장성까지 결정되기 때문에 품종의 선택은 매우 신중하게 고려되어야 한다.

　그러나 채소 종자회사는 대부분이 민간기업이기 때문에 국가기관 등 공신력 있는 기관이 우수 품종을 선정하여 농업인에게 권할 수 없고, 그에 따라 품종을 선택하는 데 믿고 도움을 받을 수 있는 길이 없는 것이 농업인의 어려움이다. 특히 고추는 품종수가 매우 많은데다 각 회사가 매년 경쟁적으로 새로운 품종을 시장에 내놓고 있어 어려움이 가중된다.

우리나라에서 채소종자를 판매하는 회사는 약 50여 개 회사에 이르고 그 중 고추는 각 종자회사가 신품종 개발에 주력하는 중요한 작목이다. 또한 다른 작목과는 달리 외국 종자회사에서 직접 수입하여 판매하지 않는 품목으로서 각 회사는 국내 시장을 확보하기 위해 매년 새로운 특성을 더한 신품종을 개발하고 홍보활동도 매우 적극적이다.

고추 신품종 개발 기술 수준은 매우 높아 일부의 병 저항성은 이미 거의 모든 품종이 구비하고 있으며 더 많은 병에 저항성을 가진 품종을 개발하고자 노력 중이다. 병 저항성 외에도 색깔, 매운맛, 건조 등의 특성이 우수하고 과실의 크기가 알맞은 품종이 매년 개발되고 있다. 최근에는 국내 연구진이 밝힌 고추 염색체의 염기서열 분석을 토대로 분자표지 개발 등의 연구가 활발해져 향후 우수한 신품종 개발이 더욱 활기를 띨 것으로 예상된다.

국내에서 시판하는 고추 품종은 거의 대부분이 일대잡종(F_1)으로서 일반종 품종에 비해 생육이 왕성하며 균일하다. 일반종 품종은 농업인이 매년 종자를 받아 심어도 어느 정도의 균일성을 보이지만, 일대잡종 품종은 과실에서 종자를 받아 심으면 유전법칙에 따라 각 유전자가 분리하게 되어 여러 가지 형태와 성질을 가진 식물체가 나타나므로 경제적으로 고추 생산을 하는 데는 알맞지 않다. 이러한 일대잡종 품종은 종자를 개발한 종자회사가 양친을 보존하면서 매년 종자를 생산하므로 종자값이 일반종에 비해 비싸고, 특히 품종의 성능이 우수할 경우에는 종자회사가 종자에 프리미엄을 붙여 팔게 되므로 다른 품종에 비해 매우 비싼 경우도 있다.

일대잡종 품종은 1984~85년 고추 생산에 심대한 타격을 준 탄저병이 일반종에는 매우 심한 피해를 준 반면에 일대잡종에는 일반종에 비해 경미한 피해만을 보여 농민들에게 좋은 인상을 심어주었다. 이후 점차 일반화 되어 지금은 거의 모든 농업인이 일대잡종 품종을 재배하게 되었다. 따라서 일대잡종 품종은 종자값이 비싸다는 흠은 있으나 판매되는 품종 중에서 재배환경이나 목적에 적합한 품종을 골라서 쓴다면 생산량의 달성은 물론 소득 향상에 도움이 될 것이다.

2. 재배품종 고르는 요령

고추 품종은 건고추, 풋고추, 꽈리고추, 적색 물고추, 건고추·풋고추 겸용, 물고추·건고추 겸용, 시설재배용, 비가림 재배용 등 다양하게 나뉜다. 가장 많은 품종은 건고추 생산 전문 품종이며 최근에는 비가림 재배용 품종으로까지 전문화 되어 판매되고 있다.

가장 많이 팔리는 건고추만 해도 약 50개 종자회사가 250여 품종을 판매하고 있고, 대부분의 품종의 수명은 평균 5년 정도이므로 매년 새로운 품종이 시장에 나온다고 볼 수 있다.

좋은 고추 품종을 선택하는데 지름길은 없지만 대체로 아래와 같은 요령을 갖고 고르면 무난한 품종을 고를 수 있다. 우선 고추 품종은 종자시장에서 5개 정도의 종자회사가 인기 있는 품종을 내세워 시장을 크게 점유하고 있고, 가장 인기 있는 품종이 15% 정도의 시장을 점유하고 있다는 것을 기억하자. 따라서 인기 있는 고추 품종을 판매하는 종자회사의 홈페이지나 대리점을 방문하여 최근에 출시되었거나 최근 몇 년간 매출이 높았던 품종을 찾는 것이 좋다. 인근의 경험이 많은 동료 농업인이나 농업기술센터가 추천하는 품종을 우선 확인하는 것도 한 방법이다.

한편, 국립종자원(www.seed.go.kr)에서 시행하는 대한민국우수품종상을 수상한 품종도 확인할 필요가 있다. 최근에는 농업인이 육묘를 직접 하는 경우가 점점 줄어들고 육묘 전문업체에서 묘를 공급받아 심는 경우도 많아지고 있는데, 육묘업체에서 가장 많은 양의 묘를 생산하는 품종을 선택하면 무난하다고 할 수 있다.

일단 선택한 품종에 대해서는 어느 정도의 성능을 보일지 실제 재배지역에서 확인하는 것이 좋은데, 재배되고 있는 포장에서 관찰하려면 생육 초기보다는 생육 중기(8월 초부터 8월 말)에 면밀하게 관찰하여 병 저항성, 과의 크기, 색깔, 매운 정도, 수확의 난이도 등의 각 형질을 모두 평가하여야 한다.

경우에 따라서는 몇몇 품종을 직접 재배하면서 가장 우수한 품종을 선발하는 경우도 있는데, 이때는 최종 검토 중인 3~5개 품종을 대상으로 하는 것이 좋고 한군데에만 심을 것이 아니라 2~3군데 심어서 평균적인 성능을 확인하는 것이 좋다. 일부 작목반에서는 평소에 농사를 잘 짓는 반원들에게 몇 가지 품종을 고루 나눠주고 재배 성적을 모은 다음 가장 좋았던 품종 2~3개를 작목반에서 심는 품종으로 결정하기도 한다. 넓은 면적에 고추를 재배하는 농가에서는 가급적 수확기가 일치하지 않는 품종을 2~3개 선정하여 재배관리 및 수확의 노력이 집중되지 않게 하는 것도 요령이다.

고추 품종을 결정하면서 가장 경계해야 할 것은 재배해 보지 않은 품종을 선정하여 넓은 면적에 재배하는 것이다. 신품종의 경우에는 특히 재배법이 확립되어 있지 않은 경우가 많기 때문에 각별히 주의를 해야 한다.

3. 작형에 알맞은 품종의 요건

우리나라의 종자산업은 국제적으로 높은 수준에 있으며, 특히 무, 배추, 고추 등 김치채소의 품종은 성능이 좋아 종자수출을 주도하는 작목이다. 그러나 우리나라 재배환경이 고추 재배에는 아주 좋은 편이 아니라서 품종의 선택에 따라 농업 소득이 달라진다.

10장에서 보는 바와 같이 고추재배는 작형에 따라 소득과 경영비의 구조가 달라진다. 예를 들어 노지재배시 소득을 많이 올리려면 단위면적에서 생산량을 많이 거둘 수 있도록 하는 한편, 경영비에서 큰 비중을 차지하는 농약비를 줄일 수 있어야 한다. 시설재배는 경영비의 증가보다 조수익이 크게 증가한 것을 알 수 있는데, 소득이 오른 중요 요인은 소비자가 선호하는 품종(오이맛고추, 매운고추 등)을 생산하였기 때문이라는 분석이다. 따라서 각 작형에 따른 품종을 선택할 때 중요한 요인을 구분하여 볼 필요가 있으며, 요인을 형질로 구분하여 정리한 것이 (표 2-1)이다.

노지재배에 쓸 품종은 우선 단위면적당 생산성이 높아야 하고, 노지에서 주로 발생하는 병(역병, 탄저병, 바이러스병)에 대해 저항성을 가지고 있어야 병 방제에 들어가는 농약비를 절감할 수 있다. 과실의 크기가 적당하게 커서 수확에 필요한 노동력이 절감되는 품종이 좋고, 건과의 색깔이 좋고 매운맛이 적당하여 농가에서 건과로 팔 때 높은 가격을 받을 수 있는 것이 좋다.

이외에도 건조를 빨리 할 수 있어서 건조기의 가동시간을 줄여 광열비를 과다하게 지출하지 않아도 되는 품종이 좋고, 수확기 끝까지 초세가 유지되어서 생산량이 많고 과형이 균일한 품종이 좋다.

풋고추나 비가림재배는 저온기에 재배를 시작하여 시설 내에서 고온환경을 거쳐야 하므로 저온이나 고온 환경에서 착과가 잘 되고 과실의 비대가 빠른 품종이 필요하다. 시설재배는 비를 직접 맞지 않으므로 역병이나 탄저병보다는 흰가루병, 풋마름병, 바이러스병에 저항성을 갖고 있어야 하며, 초형이 시설재배에 알맞게 마디의 간격이 짧아 채광, 통풍에 유리하고 밀식재배 할 수 있는 품종이 좋다.

풋고추의 경우에는 특히 품질에 유의하여 과실을 씹는 맛, 매운 정도, 색깔 등이 목표하는 시장에 적합한지 확인 한다. 이외에도 풋고추와 비가림재배는 시설 안에서 장기간 재배하는 특성을 가지고 있으므로 재배하는 동안 초세가 유지되어야 하며 시설의 토양 특성에 잘 적응하여 염류 장해에 강하고 칼슘결핍 등의 생리장해에도 강한 것이 좋다.

표 2-1　고추작형에 따른 재배품종의 주요 요구 형질

작형	중요 형질	필요 형질
노지재배	생산량, 내병성(역병, 탄저병, 바이러스병), 과실 크기, 품질(매운맛, 건과 색깔)	건조 용이성, 초세, 과형 균일성
풋고추	불량환경 적응성(내냉성, 고온하 착과), 품질(육질, 색깔), 내병성(흰가루병, 풋마름병, 바이러스병)	초세, 초형, 조기 생산성
비가림재배	생산량, 불량환경 적응성(내냉성, 고온하 착과), 내병성(바이러스병, 풋마름병), 품질(건과 색깔)	초세, 초형, 건조 용이성, 생리장해(석회결핍증)

3장.
고추가 좋아하는
환경조건

1. 온도

　　고추는 과채류 중에서도 높은 온도를 요구하는 고온성 채소로 온도관리가 생산량에 중요한 요인이므로 세심한 관리가 요구된다. 육묘할 때에는 발아를 균일하게 하는 것이 매우 중요하므로 발아 온도를 28~30℃ 정도로 맞추어 주는 것이 좋으며 적어도 20℃ 이상은 유지되어야 한다. 적온 상태에서는 파종 후 3~5일이면 싹이 나오는데 싹이 난 후에는 파종할 때 덮었던 비닐이나 신문지를 제거하여, 햇빛을 충분히 받도록 하고, 온도는 낮에는 27~28℃, 밤에는 22~23℃로 약간 내려서 관리한다.

표 3-1 작물별 발아 최적온도 및 최고, 최저 온도

작 물	최적온도(℃)	최고온도(℃)	최저온도(℃)	비고
고 추	20~30	35	10	발아시에는 암상태가 유리
토마토	20~30	35	10	
가 지	15~30	33	10	

　파종상에서 본엽이 2~3매가 완전히 펴지면 가식상이나 포트로 옮겨 심어야 하는데 이때는 파종상 온도보다 2~3℃ 높여 활착을 돕고 4~5일 정도 지난 후에 온도를 서서히 낮추어 낮에는 25~27℃, 밤에는 15~17℃, 지온은 18~20℃ 정도로 관리한다. 최근에는 육묘용 트레이에 직접 파종하여 옮겨 심지 않고 육묘하거나, 전문 육묘업체에서 묘를 구입하여 사용하는 농가가 늘고 있다.

　아주심기(정식) 전에는 옮겨 심은 후의 환경을 예상하여 포장 조건에서 견딜 수 있도록 육묘상의 온도를 낮에는 22~23℃, 밤에는 14~15℃, 지온은 20℃에서 15℃ 정도로 낮추어 관리하면서 모종을 단단하게 키워야 한다. 온상의 온도와 묘 소질과의 관계를 보면 지온이 높아지면 꽃수가 많아지고, 첫 개화는 빨라진다. 그러나 낙뢰(꽃봉오리가 떨어지는 것), 낙화(꽃이 떨어지는 것)가 많아지므로 지온은 24℃ 전후가 알맞다.

　지온이 너무 높게 되면 뿌리가 웃자라 꽃의 소질이 나빠지고 열매를 맺을 수 있는 꽃수가 줄어들게 된다. 또한 건조하거나 비료부족이 일어나기 쉽고 지온이 너무 낮으면 뿌리의 발육이 억제되므로 지

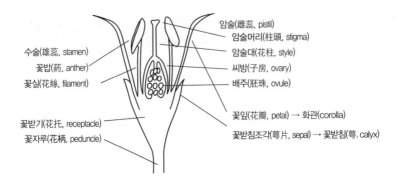

수술(雄蕊, stamen)
꽃밥(葯, anther)
꽃실(花絲, filament)

꽃받기(花托, receptacle)
꽃자루(花柄, peduncle)

암술(雌蕊, pistil)
암술머리(柱頭, stigma)
암술대(花柱, style)
씨방(子房, ovary)
배주(胚珠, ovule)

꽃잎(花瓣, petal) → 화관(corolla)
꽃받침조각(萼片, sepal) → 꽃받침(萼, calyx)

〈그림 3-1〉 고추 꽃의 구성

상부의 생육도 줄어들어 꽃수가 감소된다. 그러므로 기온이 높아 지상부가 웃자라게 될 때는 지온을 낮추어 뿌리의 발육을 억제시켜서 지상부의 발육을 조절하여 꽃수가 많아지도록 한다.

반대로 기온이 낮아 지상부의 자람이 불량할 때에는 지온을 높여 뿌리의 신장을 촉진시키고 지상부의 생육을 좋게 하여 꽃수가 많아지도록 해야 한다. 일반적으로 고추는 지온의 영향보다 기온의 영향이 크므로 기온 확보에 주의한다. 밤 온도가 낮아질수록 1차분지(방아다리)까지의 엽수가 증가하고, 개화가 늦어진다. 이상의 조건들을 고려할 때 고추 재배에 알맞은 최저기온은 18-20℃ 라고 할 수 있다.

고추 꽃은 오전 6시부터 10시 사이에 왕성하게 피며, 꽃가루는 오전 8시부터 12시 사이에 가장 많이 나오지만, 품종에 따라서는 오후에 꽃가루(화분)가 나오는 품종도 있다. 화분발아(꽃가루관이 나오는 것)는 꽃피기 1일전의 꽃가루(화분)에서도 발아하여 화분관 신장(꽃가루관이 자라는 것)이 가능하지만 당일에 핀 꽃의 꽃가루 (화분)가 더 잘 발아하고 신장된다. 꽃가루의 발아, 신장의 적온은 품종에 따라 차이가 있지만 20~25℃로 15℃보다 낮은 온도 혹은 30℃보다 높은 온도에서는 잘 발아하지 못한다(표 3-2).

표 3-2 고추의 꽃가루(화분) 발아 및 화분관 신장과 온도

온도(℃)	화분 발아율(%)		화분관 신장(㎛)	
	사자고추	녹광	사자고추	녹광
10	0.8	0.2	58.8	80.0
15	53.6	47.5	197.6	140.6
20	46.6	40.7	1,230.4	1,291.0
25	39.8	40.4	1,732.6	1,819.1
30	30.2	20.5	1,395.1	1,580.0
35	10.2	5.4	107.0	48.0
40	0.1	0.0	43.3	–

꽃피는 시기에 고온장해를 받으면 수정(꽃가루가 자라 배주와 만나 종자가 될 배를 만드는 것) 능력이 없는 화분의 형성이 많아진 다. 수정 능력이 없는 화분은 화분모세포(꽃가루가 나오기 전의 원 모세포)가 제대로 분열되지 않기 때문이며, 꽃이 피기 2주일 전의 평 균기온과 수정 능력이 없는 화분의 발생 비율이 밀접한 관련이 있는 것으로 알려져 있다. 즉 30℃ 이상에서는 50% 이상의 불량 화분(수 정 능력이 떨어지는 꽃가루)이 발생하는 것으로 알려져 있다.

고추는 수정이 되지 않아도 단위결과로 열매가 달리게 되나 과실 내에 종자가 형성되지 않아 모두 기형과 또는 석과(돌처럼 딱딱해지면서 잘 자라지 못해 작은 고추가 되는 것)가 된다. 이런 현상은 특히 시설 내 저온기에 발생이 심하고 장마가 오랫동안 계속되는 경우에도 발생된다. 밤 온도와 단위결과와의 관계를 보면 13℃에서도 단위결과는 가능하지만 종자가 없는 과실이 되고, 18℃ 이상에서는 정상적인 착과가 이루어지고 종자가 형성된다(표 3-3).

표 3-3 단위결과에 미치는 야간온도의 영향

품종명	13℃		18℃		23℃	
	종자수(개)	단위결과(%)	종자수(개)	단위결과(%)	종자수(개)	단위결과(%)
품종 1	0.0	100	58.5	0	89.8	0
품종 2	0.8	79	102.0	0	91.2	0
품종 3	0.0	100	48.0	0	163.0	0
품종 4	0.0	100	79.0	0	208.0	0

* 단위결과 : 수분(꽃가루가 암술머리로 옮겨지는 것), 수정(꽃가루 싹이 나서 배낭내의 배주와 만나 종자가 될 배를 만드는 것)이 정상적으로 이루어지지 않아 종자가 정상적으로 발달하지 않은 과실

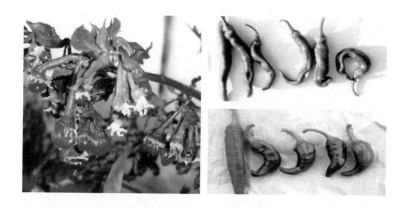

〈그림 3-2〉 저온, 고온 등의 원인으로 수정이 정상적으로 이루어지지 않아 과실의 모양이 정상적으로 자라지 못한 것 (왼쪽 석과, 오른쪽 기형과)

2. 광(햇빛)

고추는 토마토나 오이보다 광에 덜 민감한 것으로 알려져 있다. 토마토는 광의 세기(광도)가 낮아지면 화아분화가 늦고, 착과 절위가 높아지는 경향이 있지만 고추는 거의 영향이 없는데, 이것은 토마토의 광포화점(光飽和點)이 7만 lux이나 고추는 광포화점이 3만 lux로 다른 과채류보다 낮기 때문이다. 그러므로 고추는 극 단일(햇빛을 받는 시간이 짧아지는 것)을 제외하고는 생육에 큰 영향을 받지 않지만, 햇빛을 충분히 쪼여주는 것이 생육에 좋고, 개화 결실에도 효과적이다. 햇빛이 적어지면 생육이 불량해지고 착과율과 과실비대가 나빠져서 수량이 적어진다(표 3-4).

표 3-4 광의 강도와 수량과의 관계 (門田, 1967)

광도(%)	지상부중(g)	개화수(개)	착과율(%)	수확과수(개)	수량(g)
100	157.7	86	72.1	62	454.8
50	121.5	71	63.4	45	292.8
20	108.4	68	51.5	35	128.8

※ 광도 : 100% 5만 lux, 구름낀 날 5,000~6,000 lux, 광도 50% : 차광망 1겹, 광도 20% : 차광망 2겹 설치

* 광포화점 : 식물이 광합성을 하는데 활용할 수 있는 최대한의 빛의 세기
* 광보상점 : 식물이 광합성을 하는데 필요한 최소한의 빛의 세기
* 화아분화 : 열매가 달리는 채소는 열매가 달리기 위해서는 꽃눈이 분화되어 꽃이 피고 수분 수정이 이루어져야 열매가 달리게 되는데 꽃이 피기위해 꽃눈의 분화가 일어나는 것

실제 고추 재배에서 햇빛 부족이 문제가 되는 것은 시설재배이다. 시설재배에서는 하우스 내의 보온자재나 하우스 골재에 의해 광선의 제한을 받기 쉽다. 그러므로 시설재배에서는 이랑을 가능한 넓게 하고 식물체를 적당한 간격으로 심는 것이 유리하다. 고추는 하루 오전 중에 전체의 70~80%, 오후에 20~30% 정도 광합성을 하므로 되도록 오전 중에 광선이 잘 쪼이도록 관리하는 것이 좋다. 고추의 생육에는 장일(햇빛 받는 시간이 길어지는 것) 조건에서 파종 후 개화까지의 소요일수는 짧아지고, 착과 수는 다소 많아지는 경향이지만 일장(하루 중의 햇빛을 받는 시간)이 크게 관여하지 않는 것으로 알려져 있다(표 3-5).

표 3-5 고추(피망) 생육과 개화 결실에 미치는 일장의 영향 (Cochran, 1936)

온도	일장	초장(cm)	파종 후 개화까지 일수(일)	착화수	착과율(%)
10~16℃	장일	14.3	–	0	0
	자연일장	10.8	135	1	0
16~21℃	장일	52.6	95	290	35.5
	자연일장	35.7	84	297	41.0
21~27℃	장일	76.9	82	687	16.3
	자연일장	48.3	73	712	30.3

※ 처리시기 : 12~4월, 장일처리 : 전등 보광

3. 수분

　고추의 뿌리는 주로 토양 속으로 깊이 자라지 않고 흙의 표면에 분포하는 천근성(뿌리가 얕게 뻗는 성질)으로 토양이 건조하면 수량이 낮아지고, 여러 가지 생육장해가 발생된다. 물주는 양은 날씨, 흙의 성질(토성), 환기량, 착과율, 시비량, 멀칭유무 등을 고려하여 적절하게 조절하여야 한다.

　노지재배에서는 여름철의 건조가 생육 및 수량에 크게 영향을 미치므로 토양이 건조되지 않도록 주의해야 한다. 보통 노지재배에서 관수량은 75cm 이랑에는 고랑관수로 3일에 30mm(1㎡ 당 약 30L), 150cm 이랑에는 중앙부 관수로 3일에 15mm(1㎡ 당 약 15L)를 관수하는 것이 적당하므로 이를 기준으로 토양 조건에 따

라 조절하면 된다. 그러나 노지재배에서는 여름철 장마기에 접어
들면 오히려 침수에 의해 뿌리의 기능이 나빠져 습해를 받는 경우
가 많은데 보통 침수된지 2일 정도가 지나면 식물체가 죽게 된다(표
3-6).

특히 투명비닐 멀칭을 하는 경우 그 경향이 더욱 뚜렷하여 침수되
었다가 햇빛이 나게 되면 고추가 시들게 되는데 이것은 뿌리가 습해
를 받았기 때문이다. 이와 같이 고추는 건조에도 약하고 침수에도
매우 약하므로 배수 관리에 더욱 주의해야 하고, 가뭄 때는 물주는
시설(관수시설)을 설치하여 적기에 물을 주는 것이 수확량을 높이는
데 중요한 요인이 된다.

표 3-6 침수 시간이 고추 품종별 생육 및 수량에 미치는 영향

구분		생존율(%)		생과수량(kg/10a)			
		신홍	대풍	신홍	지수	대풍	지수
침수 기간 (일)	0	100	100	1,282	100	671	100
	0.5	100	98	1,239	97	487	69
	1	88	90	945	74	309	51
	2	13	5	63	5	0	0
	4	0	0	0	0	0	0
	6	0	0	0	0	0	0

뿌리는 식물체를 지지하고 흙속의 양분과 수분을 흡수하는 기능뿐만 아니라 흡수한 양·수분을 지상부로 이동시키고 잎에서 만든 동화양분을 뿌리 끝부분까지 전달하는 통로 역할을 한다. 따라서 작물이 제대로 생육하고 과실을 비대시키며 강한 비바람을 맞아도 쓰러지지 않으려면 튼튼하고 활력이 높은 뿌리를 형성해야 한다. 그런데 고추의 경우는 뿌리가 주로 표토(토양의 위 부분)에서 약 40cm까지 분포하는 천근성(淺根性) 작물이며 타 작물에 비해 부정근(不定根)이 잘 발생하지 않아 지상부 생육에 비해 지하부 발달이 잘 안 되는 특성을 갖고 있다. 다른 작물에 비해 지상부/지하부 비율이 상대적으로 높아 바람에 약하고 건조나 습해에도 약하다. 따라서 안전하게 양질의 고추를 다수확하기 위해서는 지하부 환경을 개선하여 뿌리의 분포가 깊고 넓도록 하여야 한다. 그러려면 밭을 깊이 갈고 유기물을 많이 주고, 이랑을 20cm 이상으로 높여주는 것이 좋다. 본밭에 고추를 심을 때는 육묘할 때 포트에 심겼던 깊이대로 심어 뿌리의 통기성과 배수성이 좋도록 해야 한다.

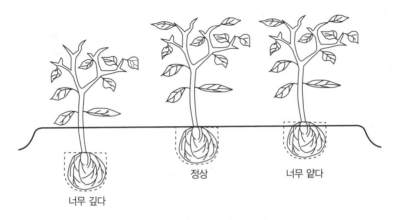

너무 깊다   정상   너무 얕다

〈그림 3-3〉 고추 심는 깊이

고추는 토양에 대한 적응성은 넓은 편이지만 수분을 보유하는 능력(보수력)이 좋은 사양토 또는 식양토가 유리하다. 토양산도(pH)는 pH 6.0~6.5 정도에서 생육이 좋으며, pH 5.0 이하에서는 생육이 불량하고 역병 등의 토양병해 발생이 증가된다.

5. 비료

고추는 비료에 대해 매우 둔감한 작물이지만 생육기간을 통해서 비료 성분이 지속적으로 유지되는 상태가 아니면 수량이 떨어지는 경우가 많기 때문에 웃거름을 알맞게 주는 것이 다수확에 유리하다. 시비량은 토양의 비옥도(肥沃度), 연작 횟수, 앞 작물과의 관계, 재식주수, 재배기간, 비료 성분의 흡수 이용율 그리고 노지재배와 시설재배 등에 따라 다르다.

노지 재배지에서는 비에 의한 비료의 용탈(빗물에 비료 성분이 씻겨 내려가는 것)이 심하여 질소비료의 이용률이 30~40% 밖에 안 되지만, 시설재배의 경우에는 비에 의한 용탈이 거의 일어나지 않아 비료 이용율은 노지보다 높은 편이다. 작형별 표준시비량은 (표 3-8)과 같다. 표준시비량은 노지고추의 경우 질소-인산-칼리의 성분량으로 각각 22.5-11.2-14.9kg/10a, 풋고추 시설 재배의 경우는 19.0-6.4-10.1kg/10a이다.

표 3-7 고추 재배에 적합한 토양의 화학성

산도 (pH, 1:5)	유기물 (%)	유효인산 (mg/kg)	교환성 양이온(CEC.cmol$^+$/kg)			CEC$^{1)}$ (cmol+/kg)	EC (dS/m)
			칼륨	칼슘	마그네슘		
6.0 ~ 6.5	2.5 ~ 3.5	450~550	0.7~0.8	5.0~6.0	1.5~2.0	10~15	2이하

1) CEC 양이온(염기) 교환용량

*양이온(염기) 교환용량(CEC) : 특정한 pH에서 일정량의 토양에 전기적 인력에 의하여 다른 양이온과 교환이 가능한 형태로 흡착된 양이온의 총량.

*전기전도도(EC) : 토양 속에 남아 있는 비료 성분의 양을 측정할 수 있는 기준이 되는 값. 토양 속에 염류(비료 성분)가 많이 녹아 있을수록 EC 값이 높아짐.

표 3-8	작형별 고추의 표준 시비량					(성분량, kg/10a)
구분	질소(N)	인산(P)	칼륨(K)	퇴비	석회(Ca)	비고
노지재배	22.5	11.2	14.9	2000	200	퇴비, 석회는 실량임
시설재배	19.0	6.4	10.1			
밀식재배	19.0	12.3	15.5			

6. 개화 및 착과습성

　일반적인 고추 품종은 정식단계가 되는 본엽이 11~13매 달렸을 때 이미 30개 가까운 꽃이 필 준비가 끝나게 되고, 약 10~13절의 제 1차분지에 첫 꽃이 피는 특성을 갖고 있다. 그리고 계속해서 각 분지사이에 꽃이 맺히는 무한화서(無限花序, 식물체가 자라면서 계속 꽃이 피는 성질)에 속하며 대개 노지재배에서는 주당 300~400개, 하우스 재배에서는 600~1,200개 가까운 많은 꽃이 피지만 일시에 피는 것이 아니고 3~4번의 주기를 갖는다. 열매가 맺히는 것은 약 70%가 자기 꽃가루받이에 의해 수정이 되지만 30% 정도는 다른 꽃과의 꽃가루받이를 통해 열매가 맺히게 된다. 특히 시설재배에서는 밀폐로 인한 다습, 저온조건이 유지되기 때문에 수정이 잘 되지 않는 경우가 많으므로 통풍을 하거나 지주를 가볍게 흔들어 주는 것이 착과율을 높이는데 효과가 크다. 착과율은 노지재배의 경우는 10월 중순까지 수확 가능한 건고추로 계산할 때 총 개화수의 약 20% 정도이다. 그러나 시설재배에서는 양수분 조건과 온도 및 햇빛 조건을 적합하게 관리할 경우 50~60%까지 착과율을 증대시킬 수 있다.

열매가 크는 시기는 낮과 밤을 가리지 않고 연속적으로 크지만 양분 전류의 특성상 낮에 약 60%, 초저녁에 약 40% 정도의 비율로 자란다. 노지 건고추는 보통 개화 후 45~50일 정도 지나(평균 적산온도가 1,000~1,300℃) 착색 성숙이 완료되며 이때가 수확 적기이다. 그러나 하우스 풋고추의 경우에는 개화 후 15~20일 정도 지나 과실의 비대가 완료되기 직전에 수확하는 것이 수량과 품질을 높일 수 있다.

 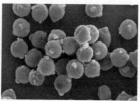 

〈그림 3-4〉 왼쪽 : 정상적인 개화, 가운데 : 고추 꽃가루, 오른쪽 : 불수정에 의한 낙화

* 적산온도 : 고추의 생육에 필요한 열량을 나타내기 위한 것으로 고추의 생육이 가능한 최저온도인 5℃ 이상의 하루 중의 평균온도를 더한 값

4장.
품질 좋은 고추 묘 기르기

1. 고추육묘의 특징

'좋은 묘를 키우는 것'은 고추의 성공적인 재배를 위한 가장 중요한 핵심기술이다. 고추는 발아에 시간이 많이 걸리고 생육이 느리므로 오랫동안 육묘관리를 하는데 노지재배 고추의 경우 육묘 기간이 2개월 이상 된다. 본엽이 3~4매 될 때부터 꽃눈이 분화되기 시작하여 본엽이 11매 정도일 때에는 약 30개 정도의 꽃눈이 분화되기 때문에 초기 수량에 묘의 소질이 크게 영향을 미친다.

좋은 환경에서 자란 묘는 탄소동화 능력이 좋아 초기 수확량이 많지만, 불량 환경에서 자란 묘는 생육이 느려지고 양분의 합성, 양·수분의 흡수 능력 등이 떨어져 결국 생산성이 낮아지게 된다. 따라서 최적의 환경 조건에서 좋은 묘를 키우는 것이 매우 중요하다. 고추는 온도 요구도가 높은 반면 노지재배 할 묘는 저온기에 육묘가 이루어지므로 환경관리에 유의해야 한다. 특히 파종기와 육묘 초기는 온도가 매우 낮은 시기이므로 육묘온도가 낮지 않도록 하고 광환경이 좋게 유지 되도록 관리하여야 한다.

고추는 육묘할 때 바이러스에 감염되면 그 피해가 정식 후 크게 나타나고 더구나 접목묘의 경우에는 접목하는 과정에서 바이러스가 쉽게 전파되므로 특히 주의해야 한다. 고추 묘는 과습에 약하므로 다른 작물에 비해 배수성 및 통기성이 좋은 상토를 선택해야 하는데, 특히 온도와 일조가 낮은 봄 육묘의 생육 초기에 과습에 주의해야 한다. 시비를 적량보다 많이 하면 육묘기간이 길어져서 뿌리가 노화할 수 있으므로 피해야 한다. 시설재배 할 때 어린 묘를 심으면 뿌리의 활력이 높아 번무할 수 있으므로 알맞은 묘령이 되도록 육묘해야 한다.

우량묘는 뿌리 활력이 높고 영양생장과 생식생장의 균형을 갖춘 묘로서 본밭의 조건에 잘 적응할 수 있는 소질을 갖추어야 하고, 진딧물, 응애, 총채벌레, 선충, 바이러스, 역병 등과 같은 병해충의 피해를 받지 않은 것이어야 한다. 묘를 구입하여 이용할 경우에는 바이러스 감염이나 해충의 가해 여부 등을 주의 깊게 관찰하여야 한다.

2. 육묘방식과 육묘법

1 육묘방식과 특징

(1) 일반 육묘 (포트육묘)

플러그 묘가 일반화되기 이전의 육묘방식으로, 자가 생산 형태이기 때문에 육묘를 위해 시설이나 자재가 필요하고 파종부터 정식할 때까지의 관리 노력이 들며, 정식 작업에도 플러그 육묘에 비해 노력이 많이 든다. 그러나 직접 육묘하기 때문에 정식 후의 생육을 예측하여 육묘 관리를 할 수 있고, 묘의 노화가 늦고 정식적기의 폭이 넓은 이점이 있다.

표 4-1　육묘방식과 특징　　　　　　　　　　　　　(農文協, 2004)

육묘방식 항 목	일반 육묘 (포트 육묘, 자가생산)	플러그 육묘 (구입)
육묘시설, 자재, 관리노력	종래의 장비, 노력 필요	필요 없음
육묘 중 생육조절	쉬 움	어려움
노화의 빠르기	늦 음	빠 름
정식적기의 폭	넓 음	좁 음
정식작업	노력을 요함	생력적

(2) 플러그 육묘

플러그 묘는 전문 육묘업체에서 기른 묘로서 일반 농업자재처럼 구입하여 이용한다. 따라서 재배농가의 경우 육묘를 위한 시설이나 자재, 노력을 절약할 수 있으며, 정식 노력도 일반 포트묘를 이용하는 경우에 비해 덜 든다. 한편 묘의 노화가 빠르고, 정식적기의 폭이 좁다는 단점이 있으며, 포트묘에 비해 육묘기간이 짧기 때문에 정식후 수확까지의 기간이 상대적으로 길다.

2 일반 육묘 방법

(1) 육묘상 및 종자 준비

① 육묘상의 설치

육묘상은 온도관리가 쉽고 통풍이 잘 되며 햇빛이 잘 들고 비가 내리더라도 물이 고이지 않으며, 해충의 유입을 막을 수 있는 곳에 설치하는 것이 좋다. 그리고 육묘장에는 육묘에 반드시 필요한 관수장치와 전기시설을 갖추어져 있어야 한다. 육묘온상은 전열온상, 온수온상, 냉상 등이 있으나 전열온상이 많이 이용된다. 전열온상은 설치가 간단하고 설치비가 저렴하며 목표로 하는 온도를 쉽게 유지 조절할 수 있는 장점이 있다.

육묘상을 만들 때는 채광을 좋게 하고, 충분한 환기가 되도록 시설의 방향, 피복자재, 골격률(骨格率) 등을 고려하여 설치한다. 최근에는 농가에서도 플러그 트레이를 이용하므로 공정육묘장의 시설을 참고하여 설치하는 것이 좋다. 육묘상을 설치할 때 무엇보다 중요한 것은 포트가 지면에서 떨어지도록 벤치 형태로 설치하는 것이 중요하다. 벤치를 만들어 포트를 올려놓으면 포트가 지면에 직접 닿지 않으므로 뿌리가 포트 밖으로 나가지 않고 포트 안쪽에서 발달하고, 상토의 통기성이 좋아지며, 병원균의 전파, 확산이 방지되고 생육이 균일해지는 장점이 있다〈그림 4-1〉.

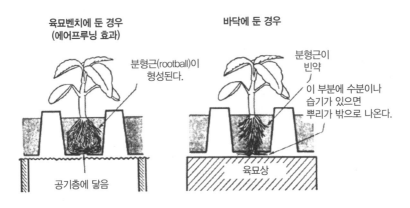

〈그림 4-1〉 육묘시 에어프루닝(air pruning) 효과 (農文協, 2004)

〈그림 4-2〉 농가에서 쉽게 만들 수 있는 육묘 벤치

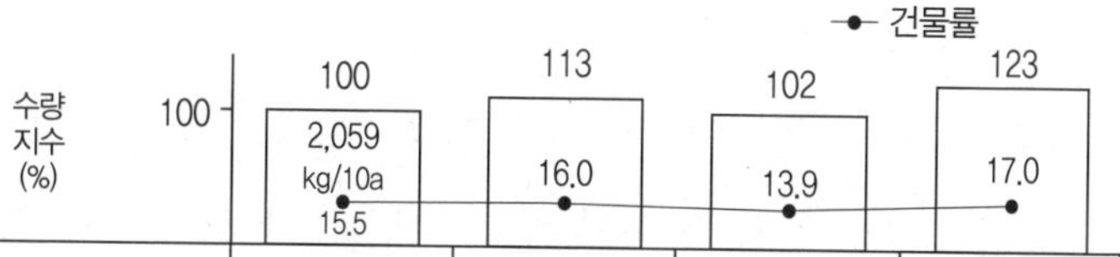
건물률
수량 지수 (%)
100
100
2,059 kg/10a
15.5
113
16.0
102
13.9
123
17.0

구분 \ 처리		냉 상 A	냉 상 B (스치로폴 + 상토)	냉 상 C (비닐 + 볏집 + 상토)	전열온상
발아	소요일 수(일)	14	5	7	4
	율(%)	56	89	65	98
묘 충 실 률*		39.8	64.1	53.2	74.0
조기수량/총수량(kg/10a)		622/2,059	808/2,336	652/2,108	918/2,524
지 수 (%)		30.2	34.6	30.9	36.4

※ 묘 충실률은 건물중(mg)/초장으로 조사, 파종 : 2월 10일, 이식 : 3월 20일, 정식 : 5월 10일
공시품종 : 다복건고추, 단열재 : 스티로폼(두께 5cm, 크기 90×180cm), 상토 : 숙성상토
(퇴비 : 밭흙 = 50:50%)

〈그림 4-3〉 묘상별 발아 및 수량 비교

② 종자 준비

재배할 품종을 선택할 때는 주변 농가에서 재배 적응성이 높은 것을 우선 선택한다. 새로운 품종을 고를 때는 미리 몇 가지 품종을 심어서 적응성을 보고 선택하는 것이 좋다. 고추 종자는 단명(短命)종자로 수명이 1~2년 정도이다. 채종 후 오랜 기간이 지난 종자는 발아율이 불량하고 발아세가 균일하지 못하다. 시판품종은 발아율이 높으므로 필요한 모종 수 보다 1.2배를 파종하면 충분한 모종수를 확보할 수 있다. 그러나 적당하지 않은 환경에서 보관한 종자, 오래된 종자를 파종할 때는 필요한 모종 수보다 1.5배를 파종한다.

시판 종자는 생산단계에서 소독하여 판매하므로 종자 소독이 필요하지 않다. 그러나 종자소독이 안 된 종자를 사용할 때는 파종 전에 종자소독을 하여야 한다. 베노밀·티람수화제(침지처리, 100g/20L), 티람수화제(분의처리, 4g/종자 1kg), 또는 티오파네이트메틸·티람 수화제(침지처리 100g/20L, 분의처리 4g/종자 1kg) 희석액에 종자를 1시간 정도 담가두었다가 그늘에서 물기를 말린 다음 파종한다.

2 파종부터 이식까지

(1) 파종상 관리

고추 종자는 발아에 비교적 오랜 시간이 소요되므로 균일한 발아를 위해서는 최아(催芽, 싹틔움)시켜 파종하는 것이 좋다. 최아는 종자를 천에 싸 물에 적신 후 공기가 잘 통하고 수분이 부족하지 않도록 하여 28~30℃에 1~2일간 두면 된다. 싹트기 직전, 즉 뿌리가 종피를 뚫기 이전에 발아공이 부풀어 있는 상태가 파종 적기이다. 뿌리가 나온 종자는 파종할 때 뿌리가 부러질 위험이 크고, 파종할 때 많은 주의가 필요하여 노력이 많이 든다.

파종은 1차 가식을 위해 파종상을 이용하는 경우와 포트에 개별 파종하는 경우가 있다. 파종상에 파종하는 경우는 깨끗한 모래나 상토를 균일하게 깐 다음, 6~8cm 간격으로 얕은 골을 만들어 줄뿌림하고, 포트에 파종할 경우는 상토를 포트 용량의 80~90% 정도 채우고 파종한다. 파종 후에는 고운 모래나 굵은 입자의 버미큘라이트를 종자 길이의 2배 정도로 덮고, 물을 충분히 준 다음 발아 적온인 25~30℃에서 관리한다. 적온보다 온도가 낮으면 발아기 간이 길어지고, 높으면 종자가 썩을 수 있으므로 온도 관리에 유의한다.

자엽이나 본엽이 정상적으로 펴지지 않는 경우는 발아까지의 온도 부족, 종자불량 등을 원인으로 볼 수 있다. 이러한 경우는 잎이 펴질 때까지 기온과 지온을 다소 높게 하여 생육을 촉진시키도록한다.

(2) 이식(移植, 옮겨심기)

노지재배용 고추를 육묘할 때는 접목하지 않더라도 발아세 촉진, 부정근 발생 촉진, 육묘 비용 절감 등을 목적으로 옮겨심기를 하는 경우가 있다. 이식은 1회 정도가 적절한데 본엽 1~2매 때가 알맞은 시기이다. 이식을 많이

〈그림 4-4〉 이식 적기의 고추묘

하면 노력이 많이 들고 뿌리 상처, 활착 불량 등으로 일시적인 생육 정체를 나타낼 수 있으므로 피해야 한다. 이식 직후에는 활착을 돕기 위해 온도, 특히 야간 온도를 약간 높게 관리하는 것이 좋은데 낮 27~28℃, 밤 24~25℃로 관리한다.

(3) 이식부터 정식까지

① 활착의 판단과 온도관리

본엽 4매가 순조롭게 퍼지면 활착이 된 것으로 판단하고 지온을 26→22→18℃, 정식 직전에는 15℃로 서서히 낮추어 준다. 기온도 야간 20→18→15℃로 서서히 낮추어 외기의 저온에 적응되도록 한다. 고온기에는 낮 동안에 환기하여 지나치게 온도가 올라가지 않도록 한다. 햇빛이 강하거나 온도가 높아 묘가 시들면 한랭사 등으로 가볍게 차광해준다.

② 묘의 완성과 진단 · 대책

제 1분지의 첫 꽃이 개화하기 전후가 정식에 알맞은 때이다. 초세가 약한 품종은 다소 어린 묘를 정식하고, 강한 품종은 다소 늦게 정식하여 정식 후의 초세를 조절한다. 만약 정식이 늦어지거나 엽색이 지나치게 옅을 때는 액비 등으로 1~2회 추비를 주어 묘의 노화를 막는다. 반대로 엽색이 지나치게 짙으면 질소과잉이므로 추비를 보류한다.

육묘 후기에 광량이 부족하거나 온도가 너무 높으면 절간이 길어지게 된다. 이때는 즉시 광 환경을 개선하여 낮 동안 충분한 빛을 받을 수 있도록 하며, 온도를 다소 낮추는 등 절간의 신장을 억제한다.

3 플러그 육묘 방법

(1) 육묘시설 및 자재

① 육묘시설

육묘용 시설은 가능하면 비닐하우스나 유리온실 등의 전용시설을 이용한다. 간혹 재배용 시설과 겸용하는 경우가 있는데, 토양전염성 병해의 오염이 우려되므로 가능한 한 피하며, 빛을 충분히 받을 수 있고 통풍이 잘 되는 장소를 고른다. 반드시 배수구를 설치하여 시설 내 배수·제습에 힘쓴다. 묘는 온도 변화에 민감하기 때문에 천장이 높은 형태의 하우스가 적합하다. 이중커튼을 설치한 경우에는 채광성을 고려하여 잘 말아 올릴 수 있는 구조로 한다.

② 상토

고추 플러그 육묘용 상토는 일반 플러그 육묘용 경량 혼합상토의 구비조건과 크게 다르지 않다. 즉 통기성, 보수성 등이 좋고, 가벼우며, 병해충에 오염되어 있지 않아야 한다. 시판 상토를 구입하여 사용할 경우에는 임의로 다른 재료와 섞지 않는 것이 좋으며, 너무 짓누르지 말고 추비에 세심한 주의가 필요하다. 비료가 없는 상토는 파종 직후부터, 비료가 어느 정도 들어있는 상토는 비절(肥切, 비료부족 현상)이 나타나기 시작하면 추비를 해야 한다. 또 같은 상토라 하더라도 용기가 작으면 비절이 빨리 나타난다. 추비는 비료가 첨가된 상토는 요소 0.2% 용액이나 4종 복합비료 또는 육묘전용 비료를 기준치로 희석하여 2 ~ 4일 간격으로 관주하여 준다. 비료가 없는 상토는 3요소 외에 마그네슘, 칼슘, 그리고 미량요소가 포함된 완전액비를 관주하여 준다.

③ 파종상

플러그 육묘에서는 플러그 트레이에 직접 파종하는 방법과 파종상에서 플러그 트레이로 이식하는 방법이 있다. 일반적으로는 플러그 트레이에 직접 파종한다. 저온기에는 일단 파종상에 파종하여 이식하는 편이 발아온도를 충분히 확보할 수 있어 초기 생육이 빠르고 균일한 묘를 얻을 수 있어 유리하다. 이식은 떡잎이 펴진 직후, 본엽은 펴지기 전에 하는 것이 뿌리의 손상이 적다.

④ 플러그 트레이

플러그묘는 포트 육묘에 비해 용기의 크기와 육묘 배지의 양이 작고 셀 사이의 간격이 좁기 때문에, 육묘 기간이 길면 지상부가 웃자라기 쉽고 뿌리가 노화되어 정식 후 활착이 잘 되지 않는다. 고추의 경우 용기가 큰 경우에는 육묘일수가 길고 작은 경우에는 육묘일수가 짧거나 1회 가식하는 경우에 사용된다. 50~128공 플러그 트레이를 이용하면 추비와 환경관리 기술에 따라 80일까지 육묘가 가능하나 그 이하의 작은 용기로는 장기 육묘가 곤란하다.

⑤ 작형별 적정 육묘일수와 묘의 크기

육묘일수는 영양생장과 생식생장의 균형이 맞게 묘를 키워서 정식할 때까지의 일수로서, 육묘용기의 크기, 환경관리, 영양관리 등에 따라 달라진다. 육묘 용기의 크기가 작을수록 밀식 조건이 되어 지상부가 웃자라기 쉽고, 지하부에 양분과 수분을 보유하는 능력이 적어지기 때문에 육묘 기간을 연장하는 것이 불리하다.

일반적으로 작은 용기에서 육묘하는 것이 큰 용기에 육묘하는 것보다 잎과 뿌리의 노화가 빨라진다. 따라서 육묘할 때 용기가 크면 묘소질은 좋아지나, 육묘 자재나 관리에 많은 비용이 소요되므로, 묘소질이 좋으면서 경제적인 크기의 용기를 선택해야 한다.

육묘 기간이 지나치게 길어지면, 용기 안에서 뿌리가 감기고 활력이 떨어지는 '뿌리 노화'로 정식 후 활착 및 초기 생육이 나빠진다. 반면 지나치게 어린 묘는 뿌리 활력이 좋아 양분과 수분을 대량 흡수하여 번무하기 쉽고 영양생장을 지속하여 착과율이 떨어지며 숙기가 늦어질 뿐만 아니라 소과(小果)가 많아진다. 따라서 온도가 높고 토양에 비료 성분이 많은 시설재배에서는 어린 묘를 정식하는 것을 피해야 한다. 시설 토양에 불가피하게 어린 묘를 심어야 할 경우에는 기비량과 관수량을 줄이는 것이 좋다.

표 4-2 고추의 적정 육묘일수와 묘의 크기

재배작형	육묘일수	정식묘의 크기
노지재배	70~80일	본엽 11~13매 전개시, 1번화 개화
촉성재배	60~65일	본엽 11~13매 전개시, 1번화 개화
반촉성재배	80~90일	본엽 11~13매 전개시, 1번화 개화
억제재배	50~60일	본엽 10~11매 전개시, 1번화 개화 직전

반대로 노화묘는 충분한 시비와 관수가 필요하다. 따라서 될 수 있으면 좋은 환경에서 짧은 기간 내에 육묘하여 뿌리가 활력이 좋을 때 정식하는 것이 바람직하다. 품종에 따라서 초세가 약한 품종은

적정 육묘일수보다 약간 어린 묘를, 초세가 강한 품종은 정식기를 약간 늦춰 정식 후 초세조절을 하는 것이 바람직하다.

(2) 파종

① 종자 준비

일반 육묘와 같이 한다.

② 상토 채우기

플러그 트레이는 작물의 균일한 생육을 위해서 각 셀에 동일한 양의 배지를 담아야 한다. 플러그 육묘용 배지는 대개 피트모스와 버미큘라이트를 주재료로 하여, 용적비중이 작고 푹신하게 담겨 있다. 따라서 상토 포대 그대로 창고에 장기간 쌓아두면 상토가 압축되어 용적비중이 변하는 경우가 많은데 사용하기 전에 잘 혼합하여 잘게 부수는 것이 균일하게 상토를 채우는 포인트이다.

1년 이상 오래 보관하였거나 개봉한지 한참 지난 배지는 비료 성분이 바뀌었거나 발아불량의 원인이 될 수 있으므로 사용하는 것을 피한다.

③ 파종

상토를 채운 플러그 트레이의 셀에 종자를 1립씩 파종하고 굵은 입자의 버미큘라이트 등으로 약 5mm 정도 덮는다. 파종한 플러그 트레이는 발아실에 넣어 균일하게 발아하도록 한다. 발아실은 25~30℃ 정도의 온도와 적당한 습도를 맞춰주면 4~6일 정도 후에 균일하게 발아한다. 고추의 발아 적온은 25~30℃로, 온도가 낮으면 발아가 늦고 발아해도 묘의 소질이 불량하다. 30℃ 이상의 고온이 되면 발아율이 낮아진다. 발아실에서 늦게 꺼내면 배축이 웃자라므로 발아되면 바로 육묘 하우스 또는 온실로 옮긴다.

(3) 육묘관리

발아실에서 나온 고추 묘 또는 접목활착이 끝난 고추 접목묘는 육묘 하우스로 옮겨 출하 전까지 육묘한다. 육묘시설에는 육묘벤치, 자동관수장치, 추비를 위한 액비혼입장치, 공조(空調) 장치가 설치되어 있다.

물빠짐을 좋게 하고, 에어 프루닝〈그림 4-1〉에 의해 뿌리가 플러그 트레이 밖으로 자라는 것을 방지하며 분형근 형성이 잘 되도록 대개 철망으로 된 육묘벤치가 이용되고 있다. 높이는 작업성을 고려하여 60~70cm 정도이다.

① 온도관리

육묘기간 중 온도관리는 묘의 생육단계에 따라 달리해 준다. 발아실에서 꺼낼 때부터 떡잎이 펴질 때까지는 낮 25~30℃, 밤 15~20℃로 관리한다. 떡잎이 펴진 후 이식 전까지는 낮 25℃ 전후로 관리하고 환기를 하여 묘를 강건하게 한다.

② 관수관리

균일한 묘를 생산하려면 관수관리가 가장 중요하다. 플러그 트레이의 건조상태와 관수 타이밍을 꼼꼼하게 관리하여야 성공적으로 육묘를 할 수 있다.

플러그 트레이를 발아실에서 꺼낸 후에 바로 충분히 관수한다. 발아기간 중에는 관수를 하지 않으므로, 관수를 충분하게 해야 출아(발아)가 균일하게 이루어진다.

관수는 날씨에 따라 조정하는데 맑은 날이나 구름 낀 날은 아침에 충분하게 관수하고 배지의 건조상태를 보면서 추가로 관수할지를 판단한다. 비 오는 날은 배지의 건조상태를 보아 배지에 수분이 충분하면 관수를 보류한다.

배지의 건조상태를 판단하는 방법으로는 플러그 트레이를 들어 올렸을 때의 무게를 기준으로 하거나(관수 직후와 건조 상태의 플러그 트레이의 무게를 파악), 묘가 자라면 묘를 플러그 트레이에서 뽑아 배지의 수분상태를 확인한다.

관수는 오전 중에 하고 저녁에는 지상부가 다소 건조한 상태가 되도록 하는 것이 바람직하다. 저녁에 관수하면 묘가 웃자라거나 병이 발생하는 원인이 되므로 삼가야 한다. 관수가 지나치면 뿌리 발육이 늦어지고 지상부만 생육이 진행된 불안정한 묘가 되어, 정식 후 활착이 불량해진다.

아침에 충분하게 관수를 하여도 통로에 위치한 플러그 트레이는 바람의 영향을 받아 건조하기 쉽기 때문에, 날씨와 묘의 상태를 보면서 한낮을 전후해 관수한다. 햇빛이 강한 경우에는 낮에 전체적으로 가벼운 관수를 하는 것이 좋다.

건조된 배지는 발수성이 강해져 플러그 트레이 위에서 하는 관수는 거의 효과가 없게 된다. 이때는 건조한 플러그 트레이를 흐르는 물에 담가 플러그 트레이 윗부분으로 물이 배어나올 때까지 놓아두면 된다.

관수에 사용하는 물은 병원균 등에 오염이 되었거나 수질이 나쁜 것은 피하고 농업용수 관리기준에 적합한 것을 사용한다.

③ 영양관리

육묘기에 영양이 부족하면 생육이 늦어지고 정식 후에 뿌리 내리기도 어려울 뿐만 아니라 꽃눈의 형성과 발육이 나빠진다. 따라서 상토를 만들 때 충분한 양의 비료를 고르게 넣어야 한다. 시판 상토를 사용할 때에도 육묘일수가 길어지거나 작은 포트를 쓸 때 관수량이 많으면 비료분이 떨어질 수 있으므로 육묘 중기 이후에는 묘의 상태를 살펴 비료부족 증상이 보이면 추가로 공급해 주어야 한다.

시비하는 시기 및 횟수 등은 상토 내의 원래 비료량, 생육단계, 육묘계절, 육묘용기의 크기에 따라 다르다. 기비가 첨가된 상토를 이용할 때는 육묘 초기에는 시비하지 않고 중기 이후에 시비한다. 무비 상토를 이용할 때는 파종 직후부터 시비계획에 맞추어 시비하는데 생육 초기는 2~3일 간격, 중기 이후는 1~2일 간격으로 표와 같은 조성의 배양액을 공급한다. 국립원예특작과학원이 추천하는 육묘용 배양액의 조성은 (표 4-3)과 같다.

표 4-3 국립원예특작과학원 개발 육묘용 표준배양액 조성

다량원소			미량요소		
비료염	농도 (mM)	비료량 (g/MT)	비료염	농도 (mg/kg)	비료량 (g/MT)
KNO_3	2.4	242.6	Fe—EDTA	Fe 2~5	5~25
$Ca(NO_3)_2 \cdot 4H_2O$	2.4	566.9	H_3BO_3	B 0.5	3.0
$NH_4H_2PO_4$	0.8	92.0	$MnSO_4 \cdot 4H_2O$	Mn 0.5	2.0
$MgSO_4 \cdot 7H_2O$	0.8	197.2	$CuSO_4 \cdot 5H_2O$	Cu 0.02	0.05
			$ZnSO_4 \cdot 7H_2O$	Zn 0.05	0.22
			$Na_2MoO_4 \cdot 2H_2O$	Mo 0.01	0.02

(N 112 mg/kg, EC 1.4 dS/m)

표 4-4 무비상토를 이용한 고추 육묘 시비관리

구분	생육단계	시비관리
1단계	파종부터 자엽 전개까지	파종 후 1회
2단계	본엽 1매부터 본엽 3~4매까지	3일에 1회
3단계	본엽 4~5매부터 본엽 8~9매까지	2일에 1회
4단계	본엽 9~10매부터 정식까지	1~2일에 1회

(4) 작형별 관리

고온기에 육묘할 때는 고온과 장일로 생장속도가 빨라 환경에 민감하고, 진딧물, 총채벌레 등의 밀도가 높다. 따라서 관리를 소홀히 하면 묘 소질이 크게 영향을 받을 수 있다는 점에 유의해야 한다. 저온기에 육묘할 때는 온도가 낮고, 일장이 짧으며, 일조량이 부족하여 육묘상의 밀폐시간이 길어지므로 공중습도가 높아지고 일조 부족으로 웃자라기 쉽고, 병 발생이 많아질 수 있다. 또한 저온과 단

일로 육묘 일수가 길어지는데, 특히 이때는 상토의 과습으로 인한 뿌리 발육 장해가 많으므로 물 관리에 주의해야 한다.

육묘 중기는 묘가 왕성하게 발육하는 단계로 균형적인 생육을 하도록 광합성을 촉진하고 양분전류가 잘 되도록 관리해야 한다. 이때는 꽃눈분화 및 발달이 이루어지는 단계이므로 온도는 주간은 높고, 야간은 낮게 관리하는데, 특히 야간에는 기온보다 지온을 높게 즉 20℃ 정도를 유지하는 것이 좋다.

육묘 후기는 묘상 환경을 서서히 정식 포장의 조건에 적응시키는 순화단계로 정식 1주일 전부터 정식까지의 기간이다. 광선을 많이 받도록 하고 온도를 정식할 포장의 온도와 비슷하게 낮춰 관리한다. 관수량을 줄여 잎이 작고 당 함량이 높게 되어 불량환경에 적응할 수 있게 한다. 순화된 묘는 옮겨 심었을 때 몸살이 적고 정식 후 활착이 빠르고 생육이 왕성하다. 지나치게 순화하면 오히려 조기수량이 떨어질 우려가 있으므로 하우스 정식묘의 순화는 약하게, 노지나 터널 정식용은 강하게 순화시킨다.

(5) 병충해 관리

육묘는 재배시기에 앞서 이루어지기 때문에 환경을 잘 관리하지 못하면 병충해의 발생이 문제되기도 한다. 저온기에는 잘록병, 고온기에는 진딧물, 총채벌레 등과 같은 해충이 많은 때이므로 예방과 방제를 잘 해야 한다.

모잘록병은 발아부터 어린 묘에 발생하는 병으로 어린묘의 아래

총채벌레

역병(인공 접종)

잘록병

바이러스 감염묘

〈그림 4-5〉 고추 육묘시 병충해 증상

부분이 물에 데친 것처럼 물러진 후 잘록해지면서 쓰러져 결국 죽는다. 옮겨 심은 묘에서도 같은 증상이 나타난다. 모잘록병은 주로 라이족토니아(*Rhizoctonia*), 피티움(*Phytium*) 균에 의해 발생한다.

육묘 초기에 상토가 과습하면 발생하기 쉬운데 특히 온도가 낮고 일조량이 부족할 때, 묘가 웃자라 연약할 때 많이 생긴다. 겨울에 묘상을 덮은 비닐에 맺힌 물방울이 오염된 지면에 떨어져 병을 전파시키기도 한다. 균사의 형태로 흙 속이나 자재, 기구 등에서 월동하여 다음해에 전염원이 된다. 육묘상 내의 온도가 낮지 않도록 하고, 밤낮의 온도차가 너무 크지 않게 관리한다. 파종 전에 상토 및 종자를 소독하고 파종할 때 질소가 많지 않도록 하고, 물을 알맞게 주고 습도가 높아지지 않도록 적절하게 환기한다. 병이 발생했을 때는 적용 약제를 관주해 준다.

고추 유묘기에 나타나는 주된 바이러스 감염 증상은 잎에 농록색과 담록색으로 얼룩무늬 모양을 나타내는 모자이크 병징이며, 이는 주된 바이러스는 담배모자이크 바이러스(TMV)와 오이모자이크 바이러스(CMV)가 주 원인이다. TMV는 주로 즙액, 접촉, 종자, 토양 등으로 전염되고 진딧물에 의하여 전염되지는 않는다. CMV는 즙액과 진딧물에 의하여 전염된다. 바이러스병은 일단 발병되면 치유가 불가능하므로 최선의 방제 방법은 감염되지 않도록 예방하는 것이다. 따라서 육묘기에는 진딧물 방제를 잘 해야 하는데 일주일 간격으로 살충제를 뿌려주는 것이 안전하다.

세균성점무늬병은 잎, 잎자루, 줄기에 발생하는 병인데 잎에 나타난 병징은 잎 뒷면에 작은 반점이 생기고 이 반점들이 커지거나 합쳐져 원형 또는 부정형의 병반을 만든다. 병반의 가운데는 암갈색을 띤다. 잎의 앞면은 처음에는 황색을 띠지만 뒤에 갈색으로 변하고 한 여름에는 병반의 가운데가 백색으로 변하기 쉽다. 감염된 잎은 떨어지기 쉽고, 잎자루나 줄기는 처음에는 수침상을 띠다가 뒤에 파괴되어 갈색반점이 된다. 병원균은 주로 기공으로 침입하는데 시설재배에서는 잘 발생하지 않지만 습도가 높고 기온이 20~25℃에서 많이 발생한다. 15℃ 이하나 30℃ 이상에서는 거의 발생하지 않는다.

역병은 *Phytophthora*라는 곰팡이가 침입하여 일어나는데 병원균은 물을 따라 전파한다. 벤치를 사용하여 육묘하고 오염된 상토를 사용하지 않도록 한다. 장마기 역병이 발생한 육묘상에는 동수화제 등의 적용 약제를 살포해 준다. 고추를 장기간 재배하는 시설재배에서는 역병 저항성 품종을 대목으로 하여 접목한 묘를 이용하고 있다.

(6) 고추묘의 생육 진단

목표로 하는 묘소질은 작형, 품종, 접목 유무 등에 따라 차이가 있으나,

- 잎이 적당히 두껍고 너무 넓지 않고 비교적 작아야 한다.
- 줄기가 굵고, 마디 사이가 너무 벌어지지 않아야 한다.
- 잎색은 너무 진하지도 옅지도 않은 녹색을 띤다.
- 떡잎이 손상되지 않고 건전하다.
- 지상부가 전체적으로 볼륨감이 있다.
- 병해충의 피해가 없다.
- 접목묘의 경우, 접수와 대목의 접합부위가 잘 유합되어 있어야 한다.
- 흰색의 굵은 잔뿌리가 잘 발달되어야 한다.

4 접목육묘

고추 시설재배에서 가장 문제시 되는 역병, 담배모자이크바이러스(TMV) 등에 대한 저항성과, 저온신장성, 내습성, 내건성 등 불량환경에 잘 견디게 하기 위해 접목묘를 많이 이용하고 있다.

접목 방법으로는 꽂이접, 핀접, 합접, 호접 등을 모두 이용할 수 있는데 고추 접목에는 합접이 많이 이용되고 있다. 접목 후에는 자

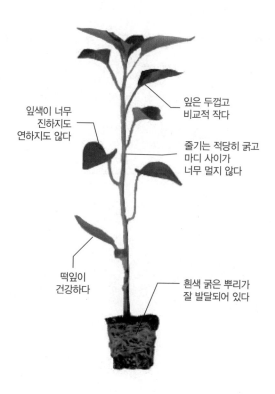

잎색이 너무
진하지도
연하지도 않다

잎은 두껍고
비교적 작다

줄기는 적당히 굵고
마디 사이가
너무 멀지 않다

떡잎이
건강하다

흰색 굵은 뿌리가
잘 발달되어 있다

〈그림 4-6〉 정식기의 고추묘

른 면에서 어린 조직이 분열되어 유합되는 활착과정을 거치는데, 활
착이 잘 되도록 온도는 25~30℃의 약간 고온, 상대습도 95% 이상
으로 관리하면 3~4일 후부터 유조직이 형성되어 7~8일 후면 활착
이 거의 완료된다.

햇빛 관리는 접목 후 1~2일까지는 직사광선을 받지 않도록 하
고, 접목 후 3~5일경까지는 아침에 30~40분 정도 잠깐 햇빛을 받
게 하였다가 다시 차광하여 시들지 않도록 관리하고, 접목 후 7~
10일부터는 정상으로 관리하면 된다.

최근에는 저온 또는 고온, 일조 부족 등 해에 따라 이상기후가 발
생하여 묘의 환경관리가 어려운데, 접목묘를 안정적으로 생산하기
위해 연중 일정하게 환경관리를 할 수 있는 인공광(LED 등)을 이용
한 접목활착실을 개발하여 이용하고 있다.

5장.
다수확을 위한
고추밭 토양관리

1. 토양 조건

고추는 토양의 적응성이 넓은 편이지만 유효토심이 깊고, 보수성
이 있는 사양토 내지 식양토가 좋다.

표 5-1 고추재배에 알맞은 토양의 물리적 특성 (2010, 국립농업과학원)

지형	경사	토성	유효토심	배수성
평탄지~ 산록경사지	0~7%	사양토~ 식양토	100cm	양호~약간양호 (보수력이 있는 곳)

1 지력증진

고추의 생산량을 높이기 위해서는 지력을 향상시킬 필요가 있다. 시비한 비료의 효율이 높고, 연작장해, 병충해, 한발 등의 피해가 적은 토양을 지력이 높다고 볼 수 있다. 이러한 지력은 토양의 보비력과 물리화학적 성질, 토양 관리방법 등에 의해 영향을 받으며, 보비력은 양이온교환용량(CEC)으로 표시한다.

양이온 교환용량(CEC)은 토양 유기물 함량을 높여 주면 증가된다. 따라서 양질의 퇴구비를 사용하는 것이 지력증진의 기본이다.

2 토양의 3상 비율

밭토양의 이상적인 3상 비율은 고상 50%, 액상과 기상이 각각 20~30%이다. 시설재배지는 노지 토양보다 물과 공기가 더 많이 필요하다. 따라서 퇴비를 사용하여 용적밀도를 낮추어 고상의 비율을 줄여 준다. 용적밀도를 1.0정도로 낮추면 액상과 기상 비율이 각각 7~8% 정도 증가된다.

3 깊이갈이

우리나라 토양은 깊이 20~30cm 부근에 단단한 층위(경반층)가 형성된 토양이 많다. 이로 인해 물의 수직이동이 어려워 토양의 과습으로 인해 뿌리가 심한 환원장애를 받는다.

깊이갈이는 양분의 흡수영역을 증가시켜 뿌리의 분포범위를 넓혀 줄 뿐만 아니라 층위를 부드럽게 하여 토양 수분의 이동이나 공기의

〈그림 5-1〉 토심 20cm 부근에 형성된 경반층

흐름을 좋게 하여 고추의 생육을 좋게 한다.

4 토양반응(pH)

밭토양은 빗물에 의해 염기의 용탈이 쉬워 토양이 산성화되기 쉽고, 시설재배지는 염류가 집적되어 알칼리성 토양으로 되기 쉽다. 시설재배지의 경우 EC가 높으면 pH가 낮아지는 경향이 있다.

고추는 토양산도(pH)에 대해서는 크게 민감하지 않으나 pH 6.0~6.5 범위에서 생육이 좋고, pH 5.0 이하에서는 생육이 불량하거나 토양 병해의 발생이 많아진다.

(1) 질소가스의 발생과 예방

pH가 높아 알칼리성 토양이 되면 암모니아 가스가 발생되어 작물의 기공이나 표피의 틈을 통해 체내로 들어가 산소를 빼앗고 엽록소나 색소를 파괴시켜 잎이 변색된다.

반대로 pH가 낮아 강산성 토양이 되면 아질산(NO_2)이 질산(NO_3)으로 변환되지 못하고 토양에 쌓이면서 아질산가스(NO_2)가 발생된다.

이러한 가스피해를 예방하기 위해서는 ①토양산도(pH)를 6.0~6.5로 유지하고 ②겨울철에는 지온이 낮아 퇴비의 분해가 늦으므로 볏짚퇴비, 돈분, 우분, 계분퇴비와 같은 축분퇴비는 아주심기 2개월 전에 토양에 잘 섞이도록 한다. ③ 석회비료를 한 번에 많은 양을 사용하거나 뭉쳐있는 곳에 질소비료가 닿으면 암모니아가스(NH_3)가 발생되므로 석회비료는 토양과 잘 혼합되도록 섞은 후 2~3주 정도 지난 다음 충분히 토양과 반응시킨 뒤 질소비료를 사용한다.

가스가 발생될 때에는 고추가 냉해를 입지 않는 범위 내에서 최대한 환기를 시키도록 한다.

〈그림 5-2〉 고추 잎의 질소가스 피해

(2) 산성토양의 교정

산성토양은 석회비료를 사용하면 쉽게 교정할 수 있다. 석회비료 사용량은 토양의 완충능(양이온교환용량, CEC)에 따라 달라지기 때문에 점토와 유기물 함량이 많을수록 석회비료 사용량은 증가된다.

석회비료 사용량은 토양을 검정하여 pH 6.5로 조절하는데 필요한 양을 사용해야 되지만, 보통 사질토양은 100kg/10a, 사양질~식양질 토양은 200kg/10a, 부식함량이 많거나 식질 토양은 300kg/10a 정도 사용한다.

석회비료는 일시에 많은 양을 사용하면 생육 장애가 발생되기 쉬우므로 1회에 주는 양이 300kg/10a를 넘지 않도록 한다.

석회비료는 주로 소석회($Ca(OH)_2$)와 석회고토($CaCO_3 \cdot MgCO_3$) 비료를 많이 사용한다. 토양산도가 낮은 토양은 대부분 고토의 함량도 낮기 때문에 고토가 부족할 경우에는 소석회비료보다는 석회고토비료를 사용하는 것이 유리하다.

석회비료는 토양에서 이동이 잘되지 않는 성분이므로 사용할 때에는 지면에 고루뿌린 후 경운이나 로터리 작업으로 뿌리가 뻗는 지점까지 섞이도록 한다.

산성토양 교정은 석회비료를 사용하면 된다. 그러나 작물재배 중에는 석회비료를 사용할 수 없고, 석회비료는 pH를 교정하는 데 중화 반응시간도 오래 걸린다. 따라서 작물을 재배하고 있거나 산성화가 심하여 생육장애를 받고 있는 경우에는 석회포화액을 만들어 관주하면 된다.

〈그림 5-3〉 석회포화액

　석회포화액을 만드는 방법은 200L 또는 500L 물통에 소석회 또는 생석회비료를 1∼5kg 넣고 저어 주면, 녹지 않은 석회는 가라앉고 윗부분의 맑은 액이 석회포화액이다. 사용은 점적관수를 할 때는 석회포화액과 물을 1:1로 묽게 해서 관주하고, 일반 호스를 사용할 경우에는 원액으로 준다.

　석회포화액 사용량은 토성에 따라 다르며 사토일 경우에는 2회 정도 관주하고 가끔 리트머스시험지로 토양산도(pH)를 확인하면서 관주량을 조정한다.

　석회포화액 관주량은 1회에 관개하는 물 양과 동일하다. 이때 주의할 점은 요소, 유안 등 질소비료와 섞지 말고, 석회포화액을 관주한 후 1주일 지난 다음 시비한다.

2. 토양 유기물 관리

부식(humus)은 동·식물 유체가 미생물에 의해 분해되고 남은 잔재물이다. 부식의 주요 재료인 식물은 광합성 산물인 탄소(C), 수소(H), 산소(O)를 주성분으로 한 탄수화물과 단백질, 지질을 비롯한 유기물로 구성되어 있다. 이들 대부분은 토양미생물에 의해 분해되고, 분해되기 어려운 물질만이 토양에 남는다.

이렇게 남은 물질들이 오랜 시간이 지나면서 토양 내에서 재결합이 일어나고, 최종적으로 토양 콜로이드(colloid, 교질)로 변한다. 이것이 토양 양분의 공급력이나 완충력과 관계가 큰 부식이다.

1 유기물(퇴비) 사용량

고추재배지의 퇴구비 표준사용량은 2,000kg/10a이고, 토양검정에 의한 유기물 추천양은 토양유기물 함량이 25g/kg이하는 2,500kg/10a, 26～35g/kg는 2,000kg/10a, 36g/kg이상은 1,500kg/10a를 사용한다. 이는 잘 부숙된 볏짚퇴비나 우분퇴비를 사용할 때의 기준이다.

비교적 양분함량이 많은 축분퇴비의 비료적 가치를 보면, 볏짚퇴비는 1톤을 사용하면 화학비료 성분량으로 질소 1kg, 인산 1kg, 칼륨 4kg에 불과하지만, 축분퇴비의 3요소(질소, 인산, 칼륨) 성분량을 보면 우분퇴비는 2-3-6kg, 돈분퇴비는 3-9-7kg, 계분퇴비는 3-12-9kg이 들어 있다.

| 표 5-2 | 주요 유기물 단위당 총 성분량과 연간 유효성분 함량 (국립농업과학원, 2010) | | | | | | |

유기물명		수분(%)	총 성분량(kg/톤)			유효 성분량(kg/톤)		
			질소	인산	칼리	질소	인산	칼리
볏짚퇴비		75	4	2	4	1	1	4
구비	우분뇨	66	7	7	7	2	4	7
	돈분뇨	53	14	20	11	10	14	10
	계 분	39	18	32	16	12	22	15
목질	우분퇴비	65	6	6	6	2	3	6
혼합	돈분퇴비	56	9	15	8	3	9	7
퇴비	계분퇴비	52	9	19	10	3	12	9
나무껍질		61	5	3	3	0	2	2
왕겨퇴비		55	5	6	5	1	3	4

인산성분만을 비교해 보더라도 볏짚퇴비에 비하여 돈분퇴비는 9배, 계분퇴비는 12배가 많이 들어 있다. 여기에서 말하는 비료적 가치는 축분퇴비를 시용한 후 1년 이내에 작물이 이용할 수 있는 것으로 화학비료가 절감될 수 있는 양이다.

따라서 이와 같은 비료 성분을 감안한 현재의 가축분퇴비의 추천 양을 보면 우분톱밥퇴비는 볏짚퇴비와 동일한 양, 돈분톱밥퇴비는 볏짚퇴비 사용량의 22%, 계분톱밥퇴비는 볏짚퇴비 시용양의 17%에 해당하는 양을 사용한다.

3. 토양의 양분함량

　고추재배에 알맞은 토양양분의 관리기준은 밭토양과 시설재배지는 같다. 토양산도(pH)는 토양양분의 유효도를 높이거나 토양미생물의 활동을 증가시키기 위해서는 pH 6.0~6.5가 좋다.

　유효인산 함량은 450~550mg/kg이 적당하며, 교환성 칼륨(K) 함량은 0.70~0.80cmol$^+$/kg이 알맞다. 질산태질소(NO$_3$-N) 함량 기준은 시설재배지에 적용되며, 생육 초기나 후기에는 70mg/kg 정도가 좋으며, 생육이 왕성한 시기에는 200mg/kg 정도를 유지하는 것이 좋다.

　시설재배지에서 양분을 너무 많이 줄 때 특정 성분의 과잉보다는 양분 상호간 불균형에서 오는 문제가 많이 발생된다. 즉, 질소성분이 많으면 칼슘이 결핍되기 쉽고, 교환성 칼륨, 칼슘, 마그네슘은 서로 길항적으로 작용한다.

　또한 인산과 칼슘이 많은 곳에서는 철이 인산과 칼슘의 염으로 고정되어 불용화되기 쉽다.

4. 시설재배지 양분집적과 대책

　시설재배는 비료의 농도장애와 특정 성분의 집적에 따른 양분 간 불균형 등 여러 가지 문제가 발생된다.

1 시설재배지의 양분함량

시설재배지는 연속적으로 3년만 경작하더라도 작물생육에 적합하지 않은 토양으로 변한다. 이와 같이 시설토양은 특정성분이 증가되거나 부족되기 쉽기 때문에 여러 가지 생리장해를 받게 된다.

표 5-3 시설재배지 토양의 화학적 특성(국립농업과학원, 2013)

구 분	유효 인산 (mg/kg)	교환성양이온 (cmol$_c$/kg)			염기 포화도 (%)	전기 전기도 (dS/m)
		K	Ca	Mg		
경엽채류	873	1.34	10	3.2	145	2.4
과 채 류	720	1.1	8	2.7	118	2.2
밭 토 양	440	0.69	6.3	1.7	87	0.6
고추재배에 알맞은 범위	450~ 550	0.70~ 0.80	5.0~ 6.0	1.5~ 2.0	65 ~ 80	2 이하

표 5-4 시설재배 기간별 토양의 화학성 변화(국립농업과학원, 2013)

재배 년수	유기물 (g/kg)	유효 인산 (mg/kg)	교환성양이온 (cmol$_c$/kg)			염기 포화도 (%))
			K	Ca	Mg	
1~3	30	1,087	1.35	7.3		108
4~6	33	1,504	1.43	8	2.5	119
7~9	33	1,599	1.58	8		120

2 염류집적

화학적으로 염류는 '산과 염기가 중화반응을 일으켜 생긴 화합물'이고, 염류집적이란 '강우량 보다 지표면 증발산량이 많을 때 발생되는 토양 중에 염류(화합물)가 쌓이는 현상'이다.

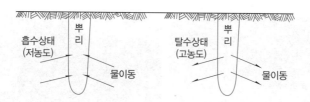

〈그림 5-3〉 토양용액 농도와 수분흡수 (국립농업과학원, 2013)

3 염류장해 진단방법

(1) 작물관찰에 의한 진단

작물에 나타나는 증상을 토대로 한 염류장해 진단의 일반적인
방법은 다음과 같다.

- 잎에 생기가 없고 심하면 낮에는 시들고 저녁부터 다시 생기를 찾는다. 이
  것은 농도장애로 작물 뿌리가 수분을 원활히 흡수하지 못해 낮 동안 증산
  작용으로 인한 수분부족 때문이다.

- 잎의 색이 진하며, 잎의 표면이 정상적인 잎보다 더 윤택이 난다.

- 잎의 가장자리가 안으로 말린다.

- 과채류에서는 과실이 잘 크지 못한다. 과실 표피가 윤택이 나며, 착색이
  나쁘다.

- 장애는 뿌리에 먼저 온다. 건전한 뿌리는 희지만 장애를 받고 있는 뿌리는
  뿌리털이 거의 없고, 길이가 짧으며, 갈색으로 변한다.

- 시설재배에서는 위와 같은 증상이 균일하게 나타나는 것이 아니라 불규칙
  적으로 나타나는 것이 특징이다.

정상생육   염류장애

〈그림5-4〉 염류집적에 따른 고추의 생육장애

〈그림 5-5〉 표토에 집적된 염류

(2) 토양관찰에 의한 진단

토양에 염류가 집적되면 물을 주어도 토양에 침투하지 못하고, 옆으로 흐르는 경우가 많다. 이와 같은 현상은 연작되는 시설재배지에서 흔히 볼 수 있고, 이 정도가 되면 염류가 많이 집적된 상태이다.

그 밖에도 염류가 집적된 토양은 작물을 재배하지 않고 방치해두면 표면에 흰 가루가 나타나거나, 푸른곰팡이 또는 붉은 곰팡이가 발생한다. 붉은 곰팡이가 발생하는 경우에는 염류농도가 상당히 높은 경우이다.

(3) 전기전도도 측정기(EC meter)를 이용한 진단

토양 중에 포함된 많은 종류의 염류는 종류별로 일일이 측정하기가 어렵기 때문에 전기전도도(EC)를 측정하여 염류집적 여부를 판단한다.

4 염류집적 예방 및 대책

(1) 저항성 작물 재배

작물종류별로 염류농도의 저항성이 다르다. 예로서 수량이 50%로 감수되는 토양의 염류농도는 시금치가 8.6 dS/m인데 비해 고추는 5.1 dS/m로서 시금치는 고추보다 염류농도에 대한 저항성이 강하다.

(2) 비료 종류의 선택

토양에 비료를 사용할 때 여러 가지의 고려사항이 있으나 그중에서도 염류집적지에서는 비료 종류의 선택이 중요하다. 염화칼륨(KCl)는 황산칼륨(K_2SO_4)보다 토양의 염류농도를 높이는 성질이 있기 때문에 염류농도가 높은 시설재배지의 비료로 사용하기에는 적합하지 않다.

(3) 염류의 제거

하우스 재배에서 염류가 집적되는 것은 당연하지만 비료형태와 시비량에 주의하면 집적되는 속도를 늦출 수 있다.

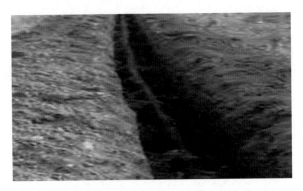
〈그림 5-6〉 제염을 위한 유공관 설치

염류제거 방법으로는 물을 이용한 제염, 작물을 이용한 제염, 환토, 객토 등에 의한 제염 그리고 유기물 시용에 의한 제염 등이 있다.

• 물을 이용한 제염

제염의 기본은 염류를 물과 함께 시설 밖으로 흘려보내는 것을 말하지만 보통의 담수방법으로 제염시켰을 경우 토양이 건조해지면 다시 염류가 상승하여 표토에 집적된다. 따라서 작토 밑 일정한 깊이에 암거 배수관을 묻고 물로 담수할 때 세척수가 그 관을 통해 배출되도록 한다.

이 방법은 제염효과는 크지만 석회와 고토 등의 염기도 함께 유실되므로 제염 후에는 토양을 검정하여 부족한 성분은 보충해 주어야 된다.

• 제염작물에 의한 제염

〈그림 5-7〉 휴한기 벼 재배에 의한 제염

하우스의 휴작기간을 이용하여 단기간에 옥수수와 같이 흡비력이 큰 작물을 재배하는 방법이다. 하우스 휴한기에 풋베기 옥수수를 재배한 경우 옥수수 생초 1톤당 질소 3kg, 인산 0.5kg, 칼리 4kg, 칼슘 2kg, 마그네슘 1kg이 제거된다. 10a당 7톤의 생초를 생산한다면 하우스 밖으로 반출되는 양은 질소 21kg, 칼륨 28kg이다.

시설고추 연작에 알맞은 기간은 식양토 3년, 사양토 2년이며 제염을 위해서는 뒷그루로 벼 재배가 효과적이며, 벼 재배시 제염율은 84~91%이다.

• 볏짚 등 미분해성 유기물 시용에 의한 제염

질산염이 많이 집적된 곳은 C/N율이 높은 유기물을 사용하면 초기에 염류농도를 낮추는 효과가 있다. 농촌진흥청 연구결과(2011)를 보면 볏짚을 5~10cm 정도의 크기로 잘라서 정식 4주 전에 미리

<그림 5-8> 제염과 토양구조 개선을 위한 볏짚 사용

넣고, 토양수분을 최대용수량의 70%정도로 유지시키면 제염효과가 큰 것으로 밝혀졌다.

따라서 볏짚과 같이 C/N율이 높은 유기물을 주면 질소농도 장애를 예방할 수 있고, 토양구조 개선 등 여러 가지의 효과를 얻을 수 있다.

• 환토, 심토의 반전, 객토 등에 의한 농도 감소

토양의 염류는 표층에 많이 집적되어 있고 아래층에는 적게 집적되어있다. 따라서 표층의 흙을 새 흙으로 바꾸거나 아래층의 흙을 위로 올리는 심토 반전, 새 흙을 표토의 흙과 혼합하는 객토 등의 방법이 있다.

• 토양검정에 의한 시비

시설재배와 같은 염류집적지에서는 비료의 잔효 성분함량을 고려해서 시비를 해야 한다. 토양 중에 남아있는 비료성분 함량을 검정하고, 이 함량에 따라 시비량을 조절하여 토양 중 염류농도의 상승을 미연에 방지해야 된다.

• 축적양분의 재활용 기술

염류가 집적된 토양은 킬레이트제(EDTA 또는 DTPA)를 끓는 물에 녹여 물을 줄 때 0.01%(0.06mM)로 묽게 하여 관주하면 효과적이다.

희석액이 직접 뿌리에 닿지 않도록 관주라인을 설치하고 관주해야 하며 킬레이트제가 과잉 투입되면 생육장애가 발생되므로 반드시 적정 농도를 지켜야 된다.

6장.
고품질 다수확하는
고추 재배기술

1. 노지재배

1 재배형태의 분화

고추의 재배형태는 조숙재배와 촉성재배, 반촉성재배, 억제재배 등으로 구분할 수가 있다. 재배법이 다양하게 분화되어 홍고추 및 풋고추의 4계절 생산이 가능하게 되었다. 조숙재배는 재료에 따라 노지재배, 터널재배, 비가림하우스 재배로 나눌 수 있다. 최근 면적 당 수량성 향상과 국내자급률 향상을 위해 비가림하우스 지원과 재배가 적극 권장되고 있다. 또한 기존의 터널재배의 아주심기보다 서리 및 우박피해 예방, 수량증대, 농약절감 등의 효과로 인하여 10일 앞당겨 심기가 가능한 일라이트부직포를 이용한 재배도 많이 하고 있다. 재배형태는 대체로 재배되는 시기에 따라 구분하는데, 재배형태에 따른 재배시기는 〈그림 6-1〉과 같다.

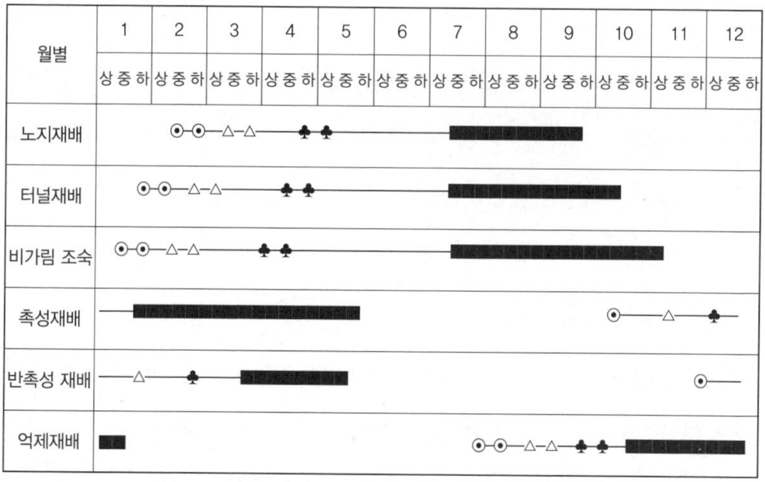

월별	1 상 중 하	2 상 중 하	3 상 중 하	4 상 중 하	5 상 중 하	6 상 중 하	7 상 중 하	8 상 중 하	9 상 중 하	10 상 중 하	11 상 중 하	12 상 중 하
노지재배		◉―◉―△―△		♣ ♣			■■■■■	■■■■■	■■■			
터널재배		◉―◉―△―△		♣ ♣			■■■■■	■■■■■	■■■■			
비가림 조숙	◉―◉―△―△			♣ ♣			■■■■■	■■■■■	■■■			
촉성재배	■■■■■	■■■■■	■■■						◉――	―△―	―♣	
반촉성 재배	―△―♣	■■■■■	■■■								◉	
억제재배	■■					◉―◉―△―△―♣ ♣	■■■■■	■■■■■				

◉ : 파종 △ : 가식, 육묘 ♣ : 아주심기 ■ : 수확

〈그림 6-1〉 재배형태별 재배시기

　　현재 가장 많이 이용되는 노지조숙재배는 건고추 생산을 목적으로 하는 재배법으로 전국 어디에서나 재배가 가능하고 지역에 따라 재배기간이 다소 달라지나 대체로 남부지방은 4월 하순, 중부지방 5월 상순에 아주심기를 하여 서리가 내리기 전 9월 하순~10월 상순까지 재배된다. 터널 조숙재배는 중남부에서 많이 재배하는 방식으로 노지에 소형터널을 설치하고 비닐을 씌워 재배하는 형태이다. 무리하게 아주심기를 앞당기면 냉해나 동해를 받는 수가 있으므로 주의해야 한다.

　　일라이트부직포 터널재배는 터널의 비닐 대신 일라이트부직포를 씌워 재배하는 형태로 서리를 예방을 할 수 있으나 동해는 막을 수 없으므로 주의하여야 하며, 지역별 아주심기일 보다 7일 정도 일찍 아주심기가 가능하다. 비가림 하우스 재배는 여름철에 비가림 하우스시설을 이용하여 재배하는 형태로 난방을 전혀 하지 않고 재배하는 방법이다.

촉성재배는 11월 중순경에 아주심기하여 시설 내에서 월동하면서 풋고추를 생산하는 재배형태로 난방비를 감안하여 남부지방에서 하는 것이 적합하다. 반촉성 재배는 2월 하순경에 아주심기하여 7월까지 재배하는 재배형태로서 중남부지방에 적합하나 난방비를 감안하면 남부지방에서 난방을 적게 하고 보온을 충실히 하여 재배하는 것이 적합하다. 억제재배는 고온기에 육묘를 하여 9월 중순경에 아주심기하는 재배형태로 역시 시설 내에서 월동한다.

노지재배의 경우는 장마, 태풍, 가뭄 등의 기상환경 조건에 의해 영향을 많이 받아 작황의 변화가 심하고, 시설재배의 경우 적정 환경조건이 아닌 시기에 재배하기 위해서는 외부환경과 차단할 수 있는 재배시설과 시설 안을 알맞은 환경으로 조성해 줄 수 있는 부대장치가 필요하다. 어떤 재배형태를 선택하여 재배할 것인가는 그 지역의 입지조건과 경제성 및 재배자의 기술수준을 종합적으로 고려하여 판단해야 한다. 재배형태를 결정할 때 가장 중요한 것은 경제성이므로 어떤 지역에 어떤 재배형태가 가장 높은 소득을 올릴 수 있는지는 생산비를 감안하여 선택해야 한다. 생산비에 가장 영향을 미치는 요인은 난방비로 중부지방의 경우 남부지방보다 난방비의 비중이 높기 때문에 시설재배는 난방비 부담이 상대적으로 덜한 남부지방을 위주로 하는 것이 유리하다.

2 노지 재배 형태별 기술

(1) 노지조숙재배

① 작부체계

가장 일반적인 재배 방법으로서 중부지방은 2월 상순, 남부지방은 1월 하순경부터 파종, 육묘하기 시작하여 서리의 피해가 없는 4월 하순부터 5월 상순사이에 노지에 아주심기하여 건과용 홍고추를 생산하는 재배법이다〈그림 6-2〉.

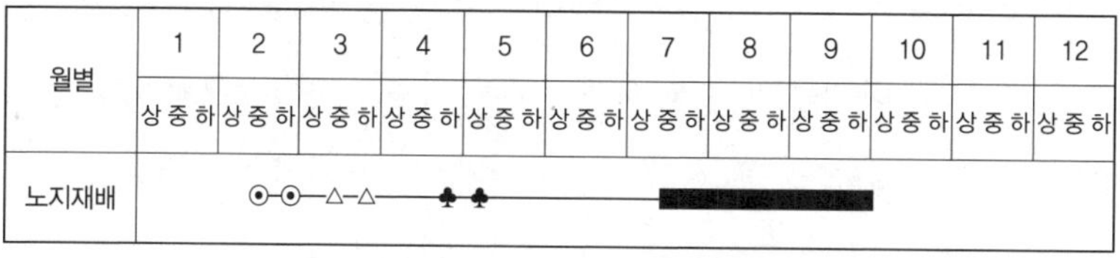

월별	1			2			3			4			5			6			7			8			9			10			11			12		
	상	중	하	상	중	하	상	중	하	상	중	하	상	중	하	상	중	하	상	중	하	상	중	하	상	중	하	상	중	하	상	중	하	상	중	하
노지재배				⊙-⊙		-△-△			♣ ♣																											

〈그림 6-2〉 노지조숙재배 재배력

② 육묘관리

육묘는 4장 육묘기술을 참조한다.

③ 본포 준비

퇴비는 로타리 작업 3주 전에 밭에 골고루 퍼지도록 넣는다. 퇴비는 완숙된 것을 10a당 2,000kg을 뿌려주되 지력감퇴가 심하여 생육이 불량하고 병해가 심할 때는 더 많이 넣어주면 좋다. 석회는 퇴비를 뿌리고 2일 후 농용석회나 고토 석회를 10a당 100～200kg 넣고 쟁기로 밭을 갈아 준다. 밑비료의 비료량은 품종, 토양의 좋고 나쁨, 심는 주수, 앞그루와의 관계에 따라 달라질 수 있다.

고추를 재배할 밭의 토양을 분석하여 비료량을 결정한다. 화학비료는 퇴비살포 20일이 지난 후 뿌려준다. 노지재배에서는 10a(300평)당 성분량으로 질소 22.5kg, 인산 11.2kg, 칼륨 14.9kg을 표준으로 하여 비료를 뿌려주며 붕소도 2kg 정도를 시용한다. 인산은 모두 밑거름으로 주고, 질소와 칼륨은 60%를 밑거름으로 주고 나머지 40%는 웃거름으로 3회에 나누어 준다. 밭의 흙갈이는 트랙터로 깊이갈이를 하여 작물이 자랄 수 있는 충분한 깊이를 확보하여 주어야 한다. 이랑의 너비는 재배하고자 하는 토양의 비옥도 및 품종에 따라 달라지는데, 1열 재배는 이랑의 폭을 90~100cm, 2열 재배는 150~160cm로 한다. 최근의 품종들은 가지가 많은 쪽으로 육성되어 너무 밀식했을 경우에는 병해충방제, 수확 등 관리가 불편하고, 탄저병 등의 병 발생이 증가할 수 있다.

표 6-1 이랑의 높이에 따른 수량의 변화와 역병 발생율

이랑높이	0cm	15cm	30cm	45cm
수량지수	100	128	123	104
역병발생율(%)	17.6	7.8	5.3	5.2

이랑은 어느 정도까지는 높을수록 수량이 증가하고 병해의 발생이 감소하므로 관리기 등을 이용하여 될 수 있는 한 이랑의 높이를 20cm 정도로 만들어 주는 것이 좋으며(표 6-1) 이랑이 높아지면 퇴비의 양이 늘어나야 한다(표 6-2).

표 6-2 경운 깊이별 유기물 시용량에 따른 고추 수량 (충북도농업기술원, 2010)

경운깊이(cm)	유기물 시용량(톤)	수량지수
10	1	100
	3	121
30	5	122
50	5	109

④ 이랑비닐 덮기

투명 PE비닐은 흑색 PE비닐보다 아주심은 초기의 지온을 2~3℃ 정도 높여주지만, 흑색 PE비닐의 경우는 고온기 때에 투명 PE비닐보다 지온상승을 방지할 수 있으며, 재배 중의 잡초발생을 억제하는 효과가 있다(표 6-3). 비닐의 두께는 0.02~0.03mm가 적당하며, 아주심기하기 3~4일전 또는 이랑 만든 직후에 비닐을 덮어 지온을 높여 아주 심을 때 모종이 스트레스를 받지 않도록 한다.

표 6-3 피복자재별 수량 및 잡초발생량

구 분	투명PE	흑색PE	백색PE	짚멀칭	무멀칭
수량지수	114	120	112	76	100
잡초발생량(g/m²)	321.6	133.4	36.7	3.5	127.0
적산온도(℃)	530	510	566	597	721

⑤ 아주심는 시기 및 방법

아주심기 7~10일 전부터 묘상을 덮는 비닐은 밤에 덮지 말고, 낮에는 외부기온에 적응할 수 있도록 묘를 관리하여 묘의 조직을 단단하게 만들어 주고, 아주심을 때에는 묘가 뜨거운 비닐에 닿아 데지 않도록 주의한다(표 6-4).

표 6-4 | 정식 전 유묘 경화처리가 지제부 고사 억제효과(국립원예특작과학원, 2008)

처 리	품종별 고사주 발생율(%)			
	역강	거성	신홍	녹광
경화 1일	14	16	16	18
경화 3일	8	6	6	10
무경화	24	30	24	26

아주심기는 마지막 서리가 내린 후에 실시해야 서리 및 동해피해가 없으며, 맑은 날에 한다. 아주 심기 전날에 모판에 물을 충분히 주어 상토가 뿌리에 잘 붙어 있도록 하면 모종을 빼내기 쉽다. 아주심는 깊이는 〈그림 3-3〉과 같이 온상에 심겨져 있던 깊이대로 심어야 하는데 너무 깊게 심으면 줄기 부위에서 새 뿌리가 나와 뿌리내림이 늦고, 얕게 심으면 땅 표면에 뿌리가 모여 건조 피해를 받기 쉽다.

⑥ 심는 거리

심는 거리는 품종, 토양의 비옥도, 수확기간 등에 따라 달라지는데 거리가 넓을 때에는 면적당 주수가 적어 수량이 낮아질 수 있고, 좁을 때는 면적당 주수가 많아 수량은 많으나 유인과 정지(곁가지 따기)가 어려워진다. 노지재배의 경우는 보통 10a(300평)당 1열재배시 2,770주(90×40 또는 120×30cm), 3,330주(100×30cm), 2열

재배시 3,300주(150×40cm)이나 재배포장의 비옥도 등을 고려하여 심는 주수를 늘려주어도 좋다. 같은 면적에 같은 주수의 고추를 심을 때에는 이랑사이를 넓게 하고 포기사이를 좁게 하는 것이 통풍이나 수확 및 농약살포 등 작업관리상 유리하다.

　⑦ 웃거름 주기

　고추의 표준 비료량(성분량)은 질소:인산:칼륨=22.5:11.2:14.9kg/10a으로 인산은 모두, 요소와 칼륨의 60%정도 밑거름으로 주고 40%는 웃거름(추비)으로 3회에 나누어 준다(표 6-5). 고추는 본밭에서의 생육기간이 5개월 이상 되기 때문에 적당한 간격으로 나누어서 시비해야 비료부족 현상을 나타내지 않는다. 웃거름을 주는 시기는 아주 심은 후 30~40일 전후해서 실시하는 것이 보통이다. 1차 웃거름은 포기 사이에 멀칭한 비닐을 뚫고 조금씩 넣어 준다. 2차 및 3차 웃거름 주는 시기는 1차 웃거름 후 30~40일 경에 실시한다. 2차부터는 멀칭된 헛 골에 비료를 준다.

표 6-5　노지조숙재배시의 고추 표준비료량 (kg/10a)

비 료 명	총 량 (환산량)	밑거름	웃 거 름			비 고 (성분량)
			1차	2차	3차	
퇴　　비	2,000	2,000				
요　　소	49	28	7	7	7	질소 22.5kg
용성인비	56	56				인산 11.2kg
염화칼륨	25	15	3	4	3	칼륨 14.9kg
석회고토	200	200				
붕　　소	2	2				

웃거름 주는 방법에 따른 고추의 생육과 수량

추비방법	생체중 (g/주)	착과수 (개/주)	수량 (kg/10a)	역병발생율 (%)
고랑살포	897	75	283	5
관 비	907	82	274	5
전량기비	956	106	295	13
관행추비+관수	1,025	116	225	21
관행추비	814	71	291	4

⑧ 유인

고추 식물체가 넘어지는 것을 막기 위해서 길이 120~150cm의 대나무나 각목, 철근, 파이프 등을 일정한 간격으로 꽂고 식물체를 유인 줄로 묶어 주어야 한다. 유인방법에는 개별유인과 줄 유인이 있다. 개별유인은 포기마다 지주를 꽂아 유인끈으로 식물체를 묶어 주는 것이고, 줄 유인은 4~5 포기 건너 지주를 꽂고 줄로 식물체를 묶어주는 것이다. 줄로 유인하는 것이 개별지주를 세워 유인하는 것보다 노력이 적게 들어 편리하지만 지주의 재료가 튼튼하지 못할 경우에는 바람 등에 의해 쓰러질 염려가 있다. 이랑의 시작과 끝의 지주는 튼튼한 각목이나 파이프를 이용하고, 재배면적이 많고 밀식재배를 할 경우에는 중간 중간에 튼튼한 지주를 설치하여 쓰러지지 않도록 한다.

고추의 유인은 2~3분지 정도에서 유인 끈으로 매어 주고, 키가 큰 품종은 자람에 따라 2~3회 유인 끈을 묶어준다. 최근 수평그물망 유인은 지주를 식물체 양쪽으로 세우고 그물망을 이용하여 유

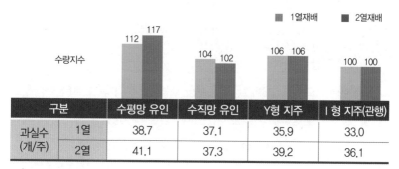

구분		수평망 유인	수직망 유인	Y형 지주	I 형 지주(관행)
과실수 (개/주)	1열	38.7	37.1	35.9	33.0
	2열	41.1	37.3	39.2	36.1

* 품종 : 슈퍼비가림 – 4월 10일 정식

* 재식거리 : (1열재배) 120 × 25, (2열재배) 150×(40×40)cm

〈그림 6-3〉 하우스 조숙재배 고추의 유인방법 개선 효과 (경북영양고추시험장, 2008)

인하는 방식으로 노력과 재료는 더 들어가지만 고추는 햇볕을 많이 받아 품질과 수량이 높다(그림 6-3).

⑨ 관수

고추의 뿌리는 표토에서 20cm이내 깊이에 대부분 분포하기 때문에 토양이 건조하면 수량이 낮아지고 생육장해를 일으킨다. 따라서 토양수분을 적당히 유지해 줌으로서 생장과 수량을 올릴 수 있다. 토양수분이 pF 2.0~2.5 사이일 때 관수 하는 것이 가장 적당하다. 노지재배에서 적정관수량은 80~90cm 이랑에서는 이랑관수로 3일에 30mm(1㎡당 30L), 150cm 이랑에서는 15mm(1㎡당 15L) 관수하는 것이 증수효과가 있어 이를 표준관수량으로 보는 것이 좋다. 관수하는 방법으로는 이랑에 물을 대주는 방법과 점적관수시설을 설치하여 관수하는 방법이 있는데 이랑관개는 역병 발병을 조장하는 경우가 있으므로 가급적 밭에서는 물과 비료를 함께 줄 수 있는 점적관수방법을 사용하는 것이 효과적이다.

⑩ 제초작업

노지에서 고추를 재배할 경우에는 재배면적이 넓기 때문에 잡초를 일일이 손으로 제거하기는 힘들다. 일반적으로 잡초발생 방제에 사용되는 방법이 흑색비닐멀칭과 제초제 사용이다. 제초제를 사용하지 않고 비닐멀칭만을 할 경우에는 투명비닐이나 백색비닐보다 흑색비닐 멀칭이 잡초 발생량은 적었으나 적산온도는 다른 피복자재들보다 떨어진다. 밭 전체를 피복하면 잡초의 발생이 훨씬 줄어드나 일반농가에서는 헛골에 웃거름을 사용하는 경우가 많으므로 두둑만을 멀칭한 후 제초제와 병행해서 사용하는 것이 잡초발생을 줄이는데 효과적이다.

제초제의 종류는 토양 처리제와 줄기와 잎 처리제가 있다. 토양 처리제의 살포 시기는 잡초가 발생하기 전인 아주심기 1~2주 전 토양전면에 골고루 묻도록 살포한 다음 비닐을 덮고 2~3일 이내에 옮겨 심도록 한다. 밭이 건조한 경우에는 약량을 동일하게 하나 물량을 늘려서 살포하면 효과적이다. 흑색비닐로 멀칭 할 경우에는 헛골에만 제초제를 살포하도록 한다.

줄기와 잎 처리제는 아주심기 후 잡초가 발생하였을 때 바람이 없는 날에 잡초의 줄기와 잎에 살포하여야 하며, 살포시 고추에 묻지 않도록 주의한다. 제초제를 사용한 후에는 반드시 분무기를 깨끗한 물로 충분히 세척하여 제초제 피해를 입지 않도록 한다. 제초제를 사용할 경우에는 사용설명서를 충분히 읽은 후에 사용하여야 하며, 용도에 맞게 사용해야 한다. 제초제는 독성이 강하므로 사용할 때에는 보안경을 착용하고 피부 노출을 줄이도록 한다.

(2) 터널조숙재배

① 작부체계

고추 터널조숙재배는 아주심는 시기에 기온이 낮아 식물체의 생육이 불량한데, 이러한 문제를 극복하기 위해 터널이라는 간이시설을 이용하여 생육중기인 6월 중·하순까지 보온을 하고, 그 이후에는 노지재배와 같이 관리하는 방법이다(그림 6-4). 터널조숙재배는 생육초기에 지온과 터널내부의 기온을 높여 뿌리 내림과 지상부의 생육을 좋게 하기 때문에 조기수량을 높일 수 있는 장점이 있으나 노동력이 많이 소요된다.

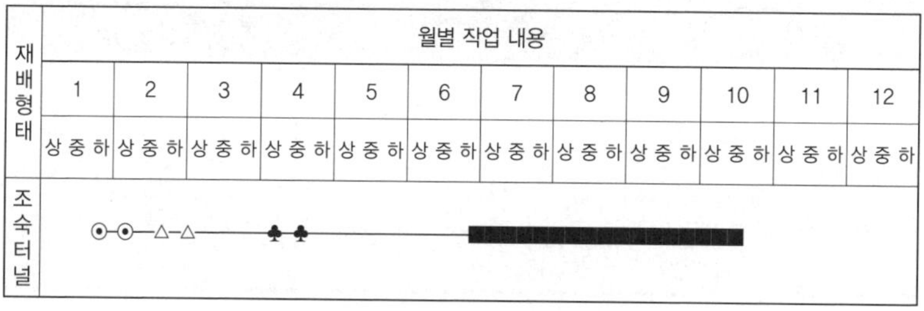

재배형태	월별 작업 내용											
	1	2	3	4	5	6	7	8	9	10	11	12
	상 중 하	상 중 하	상 중 하	상 중 하	상 중 하	상 중 하	상 중 하	상 중 하	상 중 하	상 중 하	상 중 하	상 중 하
조숙터널	⊙-⊙—△-△			♣ ♣		■■■■■■■■■■■■						

〈그림 6-4〉 터널조숙재배 재배력

② 육묘관리

육묘는 4장의 육묘기술을 참조한다.

③ 본포 준비

아주심기 3주일 전에 퇴비, 석회를 포장 전면에 뿌려준 후 깊이갈이를 하고, 아주심기 10일 전에 3요소를 시비한 후 다시 로타리를 하여 비료가 고루 섞이도록 한 다음 이랑을 만든다. 비료량은 인산은 전부 밑거름으로 주고, 질소와 칼륨은 40%를 밑거름으로 하고 나머지는 4회로 나누어 웃거름으로 주도록 한다(표 6-7). 이랑의 넓이는 토양의 비옥도나 품종에 따라 다르지만 터널재배에서는 보통 150~160cm가 적당하다. 이랑의 높이는 배수가 잘 안 되는 곳에서는 20cm 이상으로 하여 장마때 침수피해를 방지토록 한다.

표 6-7　터널 재배시 고추 표준 비료량(kg/10a)

비료법 비료명	총 량 (환산량)	밑거름	웃 거 름				비 고 (3요소 성분량)
			1회	2회	3회	4회	
퇴　비	2,000	2,000					
요　소	49	21	7	7	7	7	질소 : 22.5kg
용성인비	56	56					인산 : 11.2kg
염화칼륨	25	10	3.7	3.7	3.8	3.8	칼륨 : 14.9kg
석회고토	200	200					

④ 이랑비닐 피복

이랑비닐 피복은 아주심기 3~4일 전에 하는 것이 원칙이나, 이랑을 만들면 비닐피복을 바로 하는 것이 토양내 수분과 지온을 유지하는데 유리하다. 사토의 경우, 이랑을 만든 이후 비닐피복을 하지 않으면 수분증발로 아주심기 후 가뭄의 피해를 받을 수 있어 주의가 필요하다. 흑색비닐로 멀칭할 경우 투명 비닐 보다 터널 내부기온이 다소 높지만 아주심기 후 바로 터널비닐에 환기구멍을 뚫어 주기 때문에 문제가 되지 않는다. 아주심기 후 초기생육(표 6-8)은 지온이 높은 투명비닐에서 뿌리내림이 양호하여 흑색비닐에 비해 생장이 다소 좋으나 생육 최성기에는 잡초 발생이 거의 없어 뿌리와 양분 경합이 없는 흑색비닐 피복이 생육이 좋다. 수량성은 투명비닐은 초

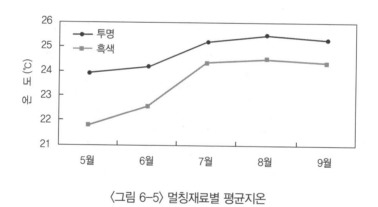

〈그림 6-5〉 멀칭재료별 평균지온

표 6-8 멀칭재료별 생육 및 수량

| 멀칭재료 | 생육초기(6월 10일) | | | 생육최성기(7월 29일) | | | 수확 과수 (개/주) | 수량(kg/10a) | |
	초 장 (cm)	주경장 (cm)	경 경 (mm)	초 장 (cm)	주경장 (cm)	경 경 (mm)		초 기	전 체
투명비닐	45.2	23.7	9.0	78.8	24.9	14.0	39.2	124	250
흑색비닐	42.1	22.9	8.4	81.3	24.0	14.3	41.9	109	265

기수량이 조금 많으나 중기 이후에는 흑색비닐 피복 재배가 생육이 좋아 총 수량에서는 투명비닐과 흑색비닐 피복 간에 큰 차이가 없어 잡초발생이 되지 않는 흑색비닐로 피복하는 것이 경제적이다.

⑤ 터널만들기

아주심기 후 터널비닐을 씌울 수 있도록 터널을 만들어 주어야 하는데, 터널용 강선은 길이 1.8m, 두께 4mm로 된 철사를 사용하여 80cm 간격으로 꽂고, 유인끈으로 철사의 상부, 좌, 우를 유인하여 고정한다.

⑥ 환기

터널재배는 노지재배와는 달리 아주심기 후 바로 터널비닐을 씌우기 때문에 고추포기 바로 위에 'V'형으로 구멍을 뚫어 환기가 잘 되게 한다. 고추가 자라 비닐에 닿을 무렵 위로 올라올 수 있도록 원형으로 구멍을 크게 뚫어 주고, 6월 중·하순경에 측면비닐도 완전히 제거하여 통풍과 농약살포 등의 작업이 용이하도록 한다(그림 6-6).

〈그림 6-6〉 터널재배 환기 방법

⑦ 재식거리

재식거리는 품종이나 토양에 따라 다르지만 일반적으로 이랑과 골 폭 150~160cm, 주간거리 30~40cm 간격에 2열로 아주심기 한다. 재식거리를 30cm로 줄이면 줄기가 가늘어지고 주당 수확과수가 적어지지만 단위면적당 재식주수가 많기 때문에 10a당 수량을 높일 수 있다(표 6-9). 그 이상으로 밀식할 경우에는 병해충 방제나 수확 등의 작업이 불편하고 탄저병 등 병 발생이 증가하기 때문에 가급적 지나친 밀식은 피하는 것이 좋다.

표 6-9 터널 재배시 재식거리별 생육 및 수량

재식거리 (cm)	초 장 (cm)	주경장 (cm)	경 경 (cm)	수확과수 (개/주)	수 량 (kg/10a)
160×30	80.3	25.0	1.4	35.0	235
160×40	81.1	24.3	1.5	35.5	174
160×50	78.7	24.3	1.6	43.4	175

⑧ 아주심기 시기 및 방법

터널재배는 비닐을 씌우기 때문에 아주 심는 시기를 앞당길 수 있지만 늦서리가 내리는 시기를 피하여 심어야 한다. 터널비닐을 씌웠기 때문에 서리에 대해 안전하다고 생각되지만 최저온도가 0℃ 이하로 떨어지면 터널재배가 서리의 피해를 줄이지는 못한다. 일찍 심는 것이 초기수량을 높일 수 있다고 생각되지만 10일 정도 일찍 심는다고 해서 생육이나 수량이 증가하지는 않는다(표 6-10). 심을 때는 육묘상에 심겨져 있는 줄기 지제부까지만 심도록 한다.

표 6-10 터널 재배시 아주심기 시기별 생육 및 수량

재식거리 (cm)	초 장 (cm)	주경장 (cm)	경 경 (cm)	수확과수 (개/주)	수 량 (kg/10a)
4월 22일	69.2	24.1	1.3	34.5	244
5월 1일	69.7	25.5	1.3	35.9	250
5월 10일	72.0	29.5	1.3	36.8	250

서리의 피해를 받아 죽은 것은 바로 보식하더라도 이에 따른 노동력과 종묘비가 추가로 소요되기 때문에 소득에 있어서는 불리하다. 그렇기 때문에 중산간지에서는 서리로부터 안전하다고 판단되는 5월 상순경에 심어서 안정생산을 확보하는 것이 중요하다.

⑨ 일라이트부직포 터널재배

터널재배에 사용되는 투명비닐 대신 일라이트 부직포를 이용하는 방법이다. 장점은 서리피해를 예방할 수 있고, 아주심기를 7~10일정도 앞당길 수 있다. 농약절감과 6월 중순까지 우박피해를 방지할 수 있으며 환기작업이 불필요하고, 수확량은 9~12% 정도 증수된다. 일라이트부직포 터널재배시 육묘일수는 90일 정도 하고(그림 6-7), 부직포는 6월 중·하순경 고추가 부직포에 닿는 5~7일 후 제거하고 탄저병과 진딧물을 방제하여야 한다. 제거 이후 지주를 설치하여 유인을 한다. 일라이트부직포는 3년 정도 사용이 가능하나 초기비용이 많이 소요되는 것이 단점이다.

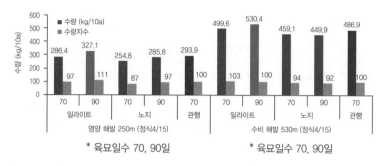

〈그림 6-7〉 고추 일라이트부직포 재배시 지대별 수량(경북농업기술원, 2012)

⑩ 골 피복

골 피복은 제초제 사용을 줄이고, 제초 노력을 줄이기 위해서 부
직포, 흑색비닐, 볏짚 등으로 고추밭의 골을 피복하는 것이다. 골을
피복하면 잡초 방제뿐만 아니라 토양수분의 보전, 탄저병, 역병 등
병해의 발생을 경감시키는 효과가 있다. 점질토양에서는 볏짚, 왕겨
의 골 피복은 수분을 흡수한 볏짚이 한곳에 모이게 되어 배수를 방
해하므로 수분장해 및 역병 발생을 조장할 수 있어 흑색 비닐이나
부직포를 사용하는 것이 좋다〈그림 6-8〉. 사토 및 사양토는 흑색비
닐, 흑색부직포, 짚, 왕겨 등 모든 재료를 사용할 수 있다.

〈그림 6-8〉 골피복 전경(좌 : 부직포, 우 : 흑색PE)

⑪ 측지제거

고추는 1차 분지점 이하에서 대체적으로 4~5개의 측지가 발생한다. 측지를 방치하면 주지의 분화가 늦어지고, 통풍이 불량하여 병해충 발생이 많고, 병해 발생 시 약제방제가 어렵다. 측지를 제거할 경우 3회에 걸쳐 제거하는 것이 과의 크기와 품질을 높일 수 있다(표 6-11).

표 6-11 측지제거방법별 과실 특성 및 수량(경북농업기술원, 2008)

측지제거방법	과장 (cm)	과경 (cm)	과피 두께 (mm)	과중 (g/개)	수량 (kg/10a)
무제거	10.0	1.9	1.8	14.4	380.5
1회제거	10.2	2.0	2.3	15.8	271.7
2회제거	10.9	2.0	1.6	14.6	286.7
3회제거	11.4	2.2	2.5	15.3	354.8

⑫ 웃거름주기

질소와 칼륨은 40%만 밑거름으로 주고 나머지 60%는 생육상태에 따라 다르지만 보통 아주심기 후 한 달 간격으로 4회 나누어 준다. 1, 2차 웃거름은 초세를 확보하기 위해 질소질 비료 위주로 시비하고, 포기사이에 일정한 간격으로 구멍을 뚫고 조금씩 넣어 준다. 3, 4차 웃거름은 헛골에 뿌려 주고 칼륨 비료의 양을 늘려 준다. 점적관수 시설이 설치된 밭에서는 800~1,200배의 물비료를 만들어 관수와 동시에 주면 효과적이다(그림 6-9).

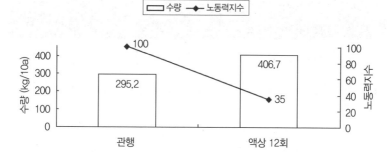

〈그림 6-9〉 고추 관비재배에 의한 노동력 절감 및 수량증수 효과

⑬ 유인

터널재배는 노지재배와는 달리 초기에는 고추가 비닐의 구멍을 통해 위로 올라와 골주와 비닐이 지지를 해주므로 유인할 필요가 없다. 그러나 고추가 크게 자라면 터널 양쪽에 2.4~3.6m 간격으로 지주를 꽂고 유인끈으로 고정하여 아래로 처지지 않도록 한다.

⑭ 장마대책

장마 시에는 침수피해와 역병, 탄저병의 발생이 많으므로 이러한 피해를 줄이기 위해서는 사전대책으로서 물빠짐이 나쁜 밭은 이랑을 20cm이상 높게 만들어 물이 잘 빠지도록 하여 밭에 물이 고이지 않도록 한다. 또한 장마와 함께 각종 병이 발생하므로 장마가 오기 전에 역병과 탄저병 등의 약제를 예방적으로 살포하는 것이 비 온 다음 여러 번 살포하는 것보다 효과적이다.

표 6-12 고추 도복 피해시 유인 후 수량지수 (경남기술원, 1988)

구분	고추 도복			
	방임	당일 유인	2일후 유인	4일후 유인
엽면시비 (4종복비 1000배액)	98	119	112	108
무처리	100	110	106	104

그리고 장마기간 중에는 광합성 능력이 낮아지기 때문에 식물체가 연약해지기 쉬우므로 요소 0.2%액을 5~7일 간격으로 2~3회 살포하여 세력을 회복시켜 주도록 한다.

2. 비가림 재배

1 비가림 재배 개요

고추 비가림 재배는 비를 막을 수 있는 시설을 이용해 식물체가 직접 비를 맞지 않게 한다. 따라서 각종 병 발생 예방에 효과가 있고 토양이 비로 인해 쓸려 내려가는 것을 방지하여 품질이 좋은 고추를 생산하고 생산량도 증대시킬 수 있는 효과가 있다.

비가림 재배 시기는 지역에 따라 다르지만 대부분 1월 상·하순 경에 파종과 육묘를 시작한 후 3월 하순부터 4월 중순사이에 가온을 하지 않고 아주심기하여 고추를 재배한다. 비가림 시설 안에 소형터널 등 보온시설을 갖출 경우 온도 확보가 더 잘되기 때문에 아주심는 시기를 앞당길 수 있다(그림 6-10). 비가림 재배는 늦서리의 피해를 막을 수가 있고, 보온효과로 인해 초기생육이 촉진되어 노지에서 재배할 때보다 첫 수확시기가 빨라진다. 또한 생육 후기에는 첫서리의 피해를 막을 수가 있어 마지막 수확시기도 늦어지게 되어 전체적으로 수확량을 높일 수 있다.

그렇지만 여름철에는 시설 내 고온으로 인해 키만 계속 자라고 열매가 잘 달리지 않거나, 석회결핍과 같은 생리장해 발생이 많아질 수 있어 환기와 차광 등으로 온도를 낮추는데 힘써야 한다. 탄저병 발생은 거의 없지만 총채벌레, 가루이류, 흰가루병 등의 병해충이 잘 생기므로 방제에 유의하여야 한다.

〈그림 6-10〉 비가림 재배 효과 : 좌 노지재배, 우 비가림재배

월별	1			2			3			4			5			6			7			8			9			10			11		
	상	중	하	상	중	하	상	중	하	상	중	하	상	중	하	상	중	하	상	중	하	상	중	하	상	중	하	상	중	하	상	중	하
작부시기	⊙		⊙			△	△						♣		♣				■	■	■	■	■	■	■	■	■	■	■	■	■		

⊙ : 파종   △ : 가식, 육묘   ♣ : 아주심기   ■ : 수확

〈그림 6-11〉 비가림하우스 재배력

2 품종선택 요령

품종선택 요령은 제 2장의 알맞은 품종선택을 참조한다.

3 육묘관리

육묘관리기술은 제 4장의 육묘를 참조한다.

4 본포관리

(1) 비가림 시설 규격

2012년부터 농림축산식품부에서 비가림 시설을 보급하는 정책을
시행하면서 국립원예특작과학원에서는 내재해성을 고려하여 비가림
전용 시설규격을 설정하여 농가에 보급하였다.

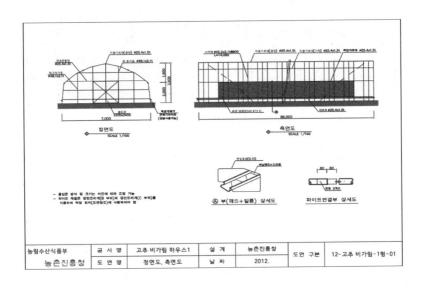

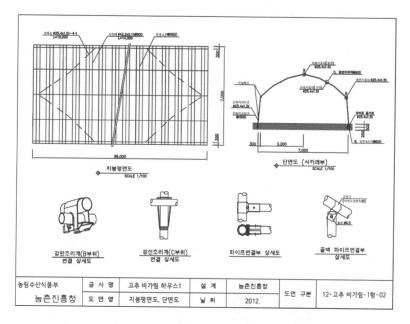

<그림 6-12> 비가림 시설 설계도(12-고추 비가림-1형의 예)

<그림 6-13> 고추 전용 비가림시설 설치 전경(12-고추 비가림-1형)

(2) 아주심기

비가림 재배 작형의 아주심는 시기는 지역에 따라 다르다. 중산간지의 경우 아주 심는 시기는 4월 상순경으로 무가온으로도 동해의 피해를 받지 않는 시기여야 한다. 아주심는 시기가 빠를수록 초기생육은 양호하나 생육 최성기에는 차이가 없으며, 수량은 아주심는 시기가 빠르면 다소 많으나, 너무 빨리 아주심을 경우 동해피해를 받을 수 있기 때문에 지나치게 앞당기는 것은 좋지 않다〈그림 6-14〉.

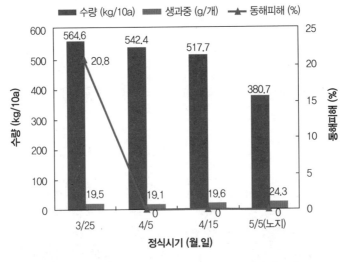

〈그림 6-14〉 아주심는 시기별 수량, 생과중 및 동해피해율

재식거리는 품종이나 토양에 따라 다르지만 일반적으로 1열 재배일 경우 이랑과 골폭 100~120cm, 주간거리 30~40cm, 2열 재배일 경우 이랑과 골폭 160cm, 주간거리 30~40cm 간격으로 심는다.

표 6-13 비가림 관비재배시 재식밀도에 따른 생육과 수량

구분	주간거리 (cm)	초 장 (cm)	생 체 중 (g/주)	수확과수 (개/주)	수 량 kg/10a	지 수
비 가 림	18	91.7	246.3	37.8	342.8	153
	24	90.3	282.4	50.2	334.3	149
	30	89.5	254.7	55.4	293.7	131
	36	89.8	323.9	62.3	275.2	123
	평 균	90.3	276.8	51.4	311.5	–
관 행	18	81.4	192.1	29.7	256.4	114
	24	76.4	201.3	31.3	224	100
	30	80.3	267.1	32.6	250.1	112
	36	85.1	287.2	41.5	223.2	100
	평 균	80.8	236.9	33.8	238.4	–

(3) 유인방법

고추 비가림 재배의 경우 생육이 노지재배보다 2~3배 빨라 기존의 일자형 유인방법으로는 재배하는 데 한계가 있다. 특히 2m 이상 자라게 되면 줄기를 똑바로 세우기도 어렵고 줄기가 겹쳐 수확작업도 힘들게 된다.

〈그림 6-15〉 유인방법별 착과 상태

식물체가 밀집되어 광량부족으로 광합성 능력이 떨어져 착과량이 부족하게 되고, 착과된 후에도 착색이 늦어지거나 착색불량과가 발생되는 원인이 되기도 한다.

고추 비가림 재배의 「터널형 유인시설」설치방법은 ① 길이 500cm의 파이프를 터널형으로 구부린 다음 지주로 사용한다. ② 터널형 지주를 210cm 간격으로 배치한다. ③ 지주를 땅속에 40cm 깊이로 묻어 지주 높이가 190cm로 되도록 한다. 터널의 높이가 너무 높으면 수확시 어려움이 있고, 너무 낮으면 작업 불편을 초래한다. ④설치한 터널의 중심에는 가로로 파이프를 길게 유인하여 터널을 고정시킨다. ⑤ 터널형 지주위로 폭이 250cm 되는 유인 그물망(가로12cm, 세로12cm)을 씌워서 고정한다〈그림 6-15〉. 그물망을 설치할 경우 그물망이 너무 넓으면 식물체가 공간으로 빠져나오고 너무 작게 되면 수확시 손이 들어가지 않아 수확작업이 어렵게 된다. 「터널형 유인시설」의 설치시기는 고추를 아주심기하고 한 달 후에 하는 것이 좋다. 터널형 유인방법을 이용하기 위해서는 하우스의 폭에 따라 재식거리를 130~150×30cm로 아주심기 하는 것이 수량이 가장 높다.

표 6-14 비가림 재배시 재식거리별 과실특성 및 수량성(충남농업기술원, 2010)

재식거리	과장 (cm)	과경 (cm)	1과중 (g)	건과수량 (kg/10a)
130×30cm	13.0	2.2	19.7	656
130×40cm	13.1	2.0	20.5	506
130×50cm	12.7	2.3	21.3	514

그물망 규격(12cm×12cm)　　　　　터널식 유인 규격

〈그림 6-16〉 그물망 규격 및 터널식 설치방법

고추 비가림 재배시 유인방법별 시설 내 온도변화는 일자형 유인이 37~38℃ 정도 유지된 반면 터널형의 경우 30~31℃로 7℃ 정도 낮게 유지〈그림 6-17〉되어 착과율도 높아지고 시설내 고온을 피할 수 있어 수확작업도 편안하게 할 수 있다.

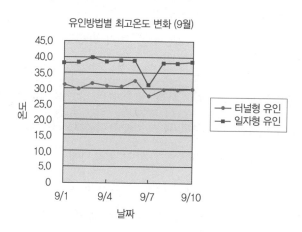

〈그림 6-17〉 터널유인방법에 따른 시설내 온도변화

비가림 재배시 터널형 유인재배에서 1과중은 일자형 유인에 비해 0.8g 무겁고, 1주당 착과수 0.9개, 10a당 건과 수량은 651kg으로 일자형 유인재배(540kg/10a)에 비해 20%정도 증수된다. 이것은 식물체가 넓게 퍼져 광합성 환경이 좋고, 꽃이 직접 햇볕에 노출되지 않아 착과가 잘 되었기 때문으로 판단된다(표 6-15).

표 6-15 터널유인방법에 따른 과실특성 및 수량성(충남농업기술원, 2009)

구 분	과장 (cm)	과경 (cm)	1과중 (g/생과)	1주당 착과수	건과수량 (kg/10a)
I자형	13.4	1.8	15.2	74.3	540.5
出자형	13.7	1.8	15.7	73.7	634.6
터널형	13.5	1.9	16.4	75.2	651.5

5 환경관리

비가림 재배는 피복재에 의하여 강우가 차단된 조건이기 때문에 온도, 습도, 광선, 공기, 토양수분 등의 환경조건이 노지재배와 큰 차이가 있다. 온도환경은 시설 안과 밖, 주야간 차이가 많고 위치에 따라 온도분포가 다르다. 시설 내 온도는 바깥에 비하여 매우 높고 시설에 의해 비가 차단되기 때문에 증발이 심해 건조해지기 쉽다. 광환경은 햇빛이 피복자재를 통과하여 식물체에 닿기 때문에, 광질이 다르고 광량이 적으며 시설 내에 골고루 분포되기가 힘들다. 광질은 피복재의 특성에 따라 투과성이 다른데 주로 자외선과 적외선이 잘 통과되지 못한다. 광량은 골격재가 가리거나 피복재가 오염되거나 먼지가 많이 묻었을 경우 크게 감소된다. 또한 광투과량은 시설 방향이나 피복재의 종류에 따라 차이가 있다.

(1) 온도 관리

고추는 과채류 중에서도 높은 온도를 요구하는 고온성 작물이 지만 생육 중 온도가 높으면 도장하고 꽃의 수는 많아지나 꽃의 소질은 떨어진다. 생육 중 온도가 낮으면 지상부의 생육이 억제되고 꽃의 수는 적어져 수량이 감수된다. 꽃가루의 발아 신장 적온은 20~25℃로 15℃보다 낮거나 30℃보다 높은 온도에서는 잘 발아 하지 못해 수정율은 감소하여 낙화나 낙과가 발생할 수 있고, 꽃가루가 장해를 받아 수정 불량으로 석과(돌고추)가 다수 발생할 수도 있다.

온도는 광합성 산물의 전류에도 관여를 하며 야간온도가 너무 높으면 호흡에 의해 주간의 광합성 산물을 소모해 버리고, 야간온도가 너무 낮으면 동화산물의 전류가 느리고 전류량도 적어진다. 따라서 주간에는 25℃ 전후로 관리하여 광합성기능을 최대로 하고 해가 진 뒤부터 4~5시간은 동화산물의 전류를 촉진시키기 위해 18℃ 전후로 유지한 뒤 저온으로 관리하는 것이 좋다. 그러나 급격한 고온과 저온의 변화에 따른 수분 불균형은 성숙중인 고추과실에 열과를 발생하게 하는 원인이 되기도 한다.

고온이 지속될 경우에는 강제 환기팬을 적극 가동하고 한랭사(면직물), 알루미늄 필름으로 적절하게 차광을 해 주며, 멀칭비닐 위에

짚 등을 덮어주거나 차가운 물을 관수해 지온을 낮추어 준다. 작물체 생육과 과실 발육에는 낮 온도보다 밤 온도가 더 영향을 미치는데 밤 온도가 높으면 호흡 소모가 많아 작물체가 연약해지고 과실 발육이 나빠지므로 고온기에는 야간온도를 낮추는 것이 매우 중요하다.

(2) 습도 관리

하우스 내 공기습도는 토양수분의 함량이나 주변 환경여건에 따라 달라지며 작물 기공의 개폐반응에 직접 영향을 준다. 증산작용은 식물체온 조절, 양분 흡수 및 이동에 관여하는데, 시설 내 습도가 높아져 포화상태에 가까운 다습 상태에서는 증산이 감소되어 광합성에 지장을 초래하게 되고, 역병, 잿빛곰팡이병, 세균성점무늬병 등 각종 병해가 발생되기 쉽다.

특히 잦은 강우 시에는 과습으로 인해 병 발생이 많아지므로 비가 그친 틈을 타서 환기를 실시하고, 공기순환팬을 약 10m 간격으로 설치해 곰팡이병 등의 발생을 억제한다. 공기습도 억제를 위해서는 지표면 멀칭을 하거나 관수를 억제하고, 환기창, 환기팬, 공기순환팬 등을 이용한다. 고추는 공기습도가 결실에 크게 영향을 미치는데 70~80%의 높은 습도를 좋아하며 건조하면 결실이 나빠지고 낙화되므로 너무 건조한 경우 포그, 미스트 등으로 가습하는 것이 좋다. 특히 봄철(3월 하순~5월 하순) 낮 동안에는 공기습도가 25~40%로 매우 건조하므로 가습이 필요하다.

(3) 광선 관리

식물이 빛을 받으면 광 에너지를 이용해서 이산화탄소와 물을 원료로 탄수화물을 생성하게 되는데, 식물체내에서 일어나는 이러한 일련의 작용을 광합성이라고 한다. 광합성 작용은 광, 온도, 이산화탄소, 양분, 수분 등의 환경요인이 복합적으로 관여하게 되는데, 이 중에서 광은 광합성의 에너지원이기 때문에 고추의 생육과 수량에 가장 큰 영향을 끼친다고 할 수 있다.

고추는 광포화점(식물의 광합성 속도가 더 이상 증가하지 않을 때의 빛의 세기)이 3만lux로 다른 과채류보다 낮은 편이며 토마토, 오이 등에 비해 약한 광선에 잘 견디는 작물이다. 고추는 하루 중 오전 중에 70~80%, 오후에 20~30% 광합성을 하므로 오전 중에 시설 내로 햇빛 투과가 많도록 하는 것이 중요하다.

표 6-16 주요 채소작물의 광포화점

높은 작물	• 수박, 토마토 70~80 Klux
중간 작물	• 오이, 호박, 양배추 등 40~45 Klux
낮은 작물	• 고추 30, 양상추, 피망 25~30 Klux

고추에 있어서 광은 매우 중요한 에너지원이지만 시설 내 고추를 아주심기 한 후 강한 햇볕에 노출되면 잎이 타거나 또는 토양과 멀칭비닐과 닿는 줄기 부분이 해를 입을 수가 있다. 한편, 병충해 등으로 잎이 많이 떨어져 강한 직사광선을 직접적으로 과실이 받게 되면

〈그림 6-18〉 아주심기 후 강한 햇빛에 의해 피해 및 일소과 발생

과실 표면의 온도가 급격히 올라 수분이 증발되면서 하얗게 변색되는 경우도 있어 경우에 따라서는 차광해 줄 필요가 있다.

　차광은 흑색차광망, 한랭사, 트로피칼, 알루미늄 필름 등과 같은 차광재료를 시설 외부 또는 내부에 설치하여 유입되는 일사량을 줄여줌으로써 시설 내 온도와 작물 체온의 상승을 억제하는 기술이다. 차광효과는 자재 종류, 차광률, 위치 등에 따라 다르나 대략 3~4℃의 온도 하강효과가 있다. 외부피복이 내부피복보다 온도를 내리는 효과가 크다. 외부차광은 태양에너지가 하우스 내로 들어오기 전에 차단하여 차광망과 하우스 지붕면 사이의 열 증가를 감소시키는 장점이 있으며, 이때 차광망 설치위치는 외피복재로부터 30cm 이상 공간을 두고 설치하는 것이 좋다.

　차광자재는 은색차광망(알루미늄)이 흑색차광망보다 차광효과가 크다. 흑색차광망은 자체적으로 태양광의 열을 흡수하는 특성이 있는 반면 은색차광망은 열선의 50% 이상을 차지하는 적외선을 효과적으로 차단하고 자체적으로도 태양광선과 열을 반사하는 특징이 있다.

차광은 하루 종일 하는 것 보다는 햇빛이 고추의 광포화점을 초과할 때에만 차광되게 하는 수시차광이 바람직하다. 고추는 차광률이 50% 넘으면 일조부족으로 작물체가 연약해지고 생육이 억제되어 수량이 떨어진다. 온종일 고정 차광하는 것은 여름철 일사량이 높을 때에는 어느 정도 효과적이나 우기 또는 구름이 많을 경우에는 작물이 햇빛 부족으로 웃자라거나 낙과, 낙화가 되어 생산성이 저하된다. 따라서 고추가 요구하는 광포화점 수준의 일사량을 일정하게 공급하고 일사량이 과다할 때에만 차광해 주는 자동차광이 가장 효과적이다(그림 6-19).

표 6-17 차광 정도에 따른 수량 특성

차광정도	개화수 (개/주)	낙과율 (%)	10a당 수량		
			과수(천개)	과중(kg)	수량지수
무 차 광	645	53.8	195.4	1,226	100
40% 차광	545	63.7	79.1	736	60
75% 차광	451	67.0	54.1	509	42

〈그림 6-19〉 온도 강하를 위한 차광재배 (좌: 흑색네트 차광망, 우: 알루미늄 차광망)

(4) 환기 관리

환기는 실내·외 공기 교환에 의해 실내의 기온, 습도, 이산화탄소 농도 등을 조절하고 또한 유해가스를 바깥으로 방출하며, 공기 유동을 통하여 시설 내부의 기온, 습도, 이산화탄소 등의 분포를 균일하게 한다.

온실이나 비닐하우스 등의 시설은 빛을 잘 투과하는 자재로 피복이 되어 있고 일부는 밀폐가 되어 있기 때문에 30℃ 이상의 고온과 높은 습도를 유지하는 경우가 많다. 이때 바깥의 찬 공기를 시설 내로 끌어들이고, 고온의 실내 공기를 바깥으로 내보내는 환기 작업으로 시설 내 고온과 다습의 환경을 조절 할 수 있다. 환기를 하는 것은 단지 실내온도의 변화를 일으키는 것뿐만 아니라 습도, 대기 중의 가스농도 및 공기흐름에 변화를 주는 등 다양한 기능을 수행하게 된다. 이러한 공기의 유입은 시설 내 고추의 꽃가루의 움직임을 도와 수분 및 수정이 활발히 일어나게 하여 착과수를 증가시키는 역할도 한다.

① 자연환기

자연환기방법은 말 그대로 자연적으로 공기를 유입시키는 방법으로 시설의 천창이나 측창을 개방하여 환기하는 방식을 말하며 외부 바람의 풍압과 시설 내와 시설 외의 온도차에 의한 기압차에 의해 이루어진다. 자연환기(창환기)는 환기의 조절방법과 위치에 따라 자동환기, 수동환기 등으로 나눈다. 자연환기방식은 간단한 장치로 자동 또는 반자동화함으로써 노동력을 절감할 수 있다.

온실에서 자연환기는 환기창의 면적과 위치가 적합할 경우 환기량의 확보가 용이하고, 온실내의 온도분포도 비교적 균일하다. 환기창 비율은 하우스 전체 표면적에 대한 환기창의 면적으로 표시되며 이 비율이 클수록 환기량은 증가하지만 바람에 약한 구조가 되기 쉬우므로 최소한의 환기창 면적을 확보하는 경우가 많다. 자연환기는 일반적으로 풍속이 2m/s 이상에서는 풍력환기가 지배적이고, 1m/s 이하에서는 중력환기의 영향이 크다. 풍속이 1~2m/s 범위에서는 양자가 복합적으로 작용하지만 환기창의 위치와 풍향에 따라 그 영향의 정도가 달라진다.

환기 능률을 높이기 위해서는 시설 내 지붕 중앙에서 더운 공기가 천창으로 나가려는 힘과 아래로 내려갈수록 상대적으로 공기 비중이 낮은 외부의 공기가 시설 내로 들어오려는 힘을 잘 이용하도록 창을 설치한다.

환기창 개폐는 바람방향에 유의하여 바람이 불어오는 면은 측창을 열고 반대쪽의 천창을 열어주는 것이 바람직하다. 그러나 풍향이 일정하게 고정되어 있지 않고 수시로 바뀌는 봄이나 가을철에는 측창과 천창을 동시에 개방해야 환기가 촉진되는 경우가 많다. 자연환기를 하게 되면 환기창의 면적이나 위치를 잘 선정하면 비교적 많은 양의 공기가 유입될 수 있고, 시설 내 온도분포가 비교적 균일하지만 외부 기상조건의 영향을 많이 받게 되어 환기 효율이 낮아질 수 있는 단점이 있다.

② 강제환기

3월 이후 시설 내 온도는 급격히 높아지게 되므로 신속한 환기를 위해서는 환기능률이 높은 환풍기를 이용하여 강제적으로 환기를 시키는 것이 필요하다.

강제환기는 환기팬에 의해 강제적으로 실내공기를 배출하거나 외부공기를 유입하는 방식이다. 일반적으로 실내 온도가 높고 풍속이 낮은 기상여건에서 자연환기는 환기효과가 낮고 환기율이 균일하지 않으므로 강제환기가 불가피하다. 강제환기의 효율은 환기횟수에 따라 다르지만 온실 내로 유입되는 공기량을 결정하는 흡입구의 크기, 외부 풍속이나 풍압력에 의해 변한다. 또한 환기팬의 크기와 모터의 출력에 따라 영향을 받는데, 일반적으로 환기팬의 크기와 정압에 따라 환기량은 결정된다.

환기팬의 날개 직경이 100cm일 때 배출되는 풍량은 정압이 없는 상태에서 250㎥/min 이상이지만 흡입구가 적어 정압이 발생하면 풍량은 적어진다.

온실의 환기횟수는 온실 구조, 창의 열림 정도, 풍향, 풍속, 실내·외 기온차 등에 따라 큰 차이가 있다. 바람이 없는 경우 풍력환기는 일어나지 않고 온도 차이에 의한 중력환기만 나타나며 연동과 단동의 환기횟수는 거의 비슷하다. 그러나 풍속이 1m/s 이상인 경우에는 환기횟수는 풍속에 정비례하고, 동일한 풍속에서는 연동수가 증가할수록 감소한다.

이러한 강제환기는 환풍기의 전기료 및 소음, 그리고 정전시에 문

〈그림 6-20〉 단동 비닐하우스 원통형 천창환기(좌), 온도센서 이용 자동환기(우)

제가 발생할 수 있는 단점이 있다. 고추는 시설 내에서 키가 커지는 작물이므로 고추가 심겨진 줄을 따라 공기가 흘러가도록 각각 설치하는 것이 좋다.

환기창은 일시에 열지 말고 바깥 기온의 상승에 따라 점차적으로 열어주는 것이 좋은데, 최근에 보급되는 환기창 컨트롤러는 개폐동작이 일시에 되지 않고 단계적으로 서서히 되도록 개발되어 있다〈그림 6-20〉.

(5) 후기 수량증진을 위한 관리요령

비가림 고추 수확은 품종, 온도, 착과 위치, 수세, 기상조건 등에 따라 다르지만, 대개 꽃이 핀 후 45일 정도 지나면 홍고추를 수확할 수 있기 때문에 7월 중순부터 11월 중순까지 대략 10일 간격으로 수확할 수 있다.

개화 결실의 한계기는 보통 개화 후 45~50일 정도(적산온도

1,000~1,300℃)가 되어야 착색이 되고 성숙하므로 지역에 따라 차이는 있으나 수확 후기로 갈수록 온도가 떨어지므로 수확 종료일로부터 60일 정도를 역산하여 9월 중순까지 개화·착과되어야 한다.

고추의 수량 손실을 줄이기 위해서는 후기에 주로 발생하는 온실가루이, 담배나방, 흰가루병, 바이러스 등을 철저히 방제하고 토양습도를 적당하게 유지함으로써 과실의 비대를 촉진시키고 80% 이상 붉어진 고추는 즉시 수확하여 나머지 고추의 숙기를 촉진시킨다.

홍고추의 후기 수량 증진을 위해서 생육 후기에 질소질 비료의 시용을 줄이고, 질소흡수 억제제인 규산염, 제1인산칼륨(5kg/10a) 비료를 이용하여 후기 수량 증진을 도모할 수 있다〈표 6-18〉.

질소흡수 억제제 처리는 풋고추 비대가 완료되는 개화 후 20일 정도이고 이후에는 착색이 진행되므로 수확 종료일 30일 전에 처리하여 착색을 유도하여 증수효과를 얻을 수 있다.

수확 종료 50~60일 전의 시설 내 온도관리는 주간에는 28~30℃로 유지하여 과실의 적산온도를 올릴 수 있도록 관리하고, 야간에는 15℃ 이상 유지하여 과실 발육이 잘 되도록 하여 수량을 높인다.

표 6-18 홍고추 수량에 미치는 질소흡수억제제 처리 효과

품종	처리	수량 (dw, kg/10a)	수량지수
생력211호	대조구	291.4	100
	제1인산칼륨	308.5	106
	규산염	307.7	106
생력213호	대조구	168.1	100
	제1인산칼륨	186.1	118
	규산염	189.7	120

(한국토양비료학회, 2011)

재해란 지진, 태풍, 홍수, 가뭄, 해일, 화재, 전염병 따위의 재앙에 의하여 받게 되는 피해로, 우리나라에서 발생하는 대부분의 자연재해는 이상 기상현상이 원인이 되어 발생하는 기상재해에 해당한다.

1 가뭄

가뭄의 피해는 대체로 아주심기 한 달 후인 5~6월에 자주 발생하는데, 실제 가뭄에 의해 피해를 받을 때 수량감소는 7월과 8월이 심하다(표 6-19). 고추는 침수보다는 가뭄에 다소 강한 작물로 알려져 있으나, 건조할 경우에는 식물체가 위조(시듦)되어 광합성 감소, 양분흡수 및 물질전류 등 생리장해도 저해된다. 시듦증상을 일으킨 식물체의 세포는 팽압이 적어지고 생장에 필요한 조직활력이 상실하게 되며, 수분 및 무기양분의 흡수가 쇠퇴하여 광합성 능력이 저하되고 호흡능력이 증가해서 식물체를 약하게 만들고, 또한 생장이 억제되며 개화결실에 영향을 미쳐 낙화, 낙과 및 기형과 발생을 초래한다〈그림 6-21〉.

사전대책으로는 물빠짐이 좋은 밭에서는 2열 이랑재배를 실시하고, 밭 전체에 비닐멀칭을 실시하여 수분증발을 막는다. 점적관수시설을 설치하여 물의 손실을 방지하고 고추에 직접 관수를 함으로써 효율성을 높인다. 사후대책으로는 관수를 할 수 있는 밭은 고랑을 이용하여 충분히 물을 주고, 관수하기 어려운 밭이나 경사지 밭의 경우는 분무기로 고추 포기에 직접 물을 준다. 관수가 불가능한 밭은 김매기를 철저히 하고, 노출된 곳은 짚, 풀, 비닐로 덮어 주어 수분 증발을 막는다〈그림 6-22〉.

점적관수시설을 설치한 밭은 지온이 높을 때 물을 주면 지온이 내려가 생육에 유리하다. 관수방법은 이랑관수, 스프링클러, 점적관수, 포기관수 등 여러 방법이 있으나, 노지에서 스프링클러에 의한 관수는 탄저병 발병을 일으킬 수 있어 주의하여야 한다. 토양이 건조하면 석회의 흡수가 안 되기 때문에 석회결핍과의 발생이 많아지므로 염화석회 0.2%액을 7일 간격으로 2~3회 잎에 뿌려준다.

건조할 경우에는 진딧물류와 총채벌레류의 발생이 많아지기 때문에 전용약제를 이용, 방제를 철저히 하여 바이러스병의 전염을 억제하고, 웃거름은 물비료로 만들어서 포기 사이마다 준다.

표 6-19 단수처리 일수에 따른 수량감소(경북 농업기술원, 1994)

월별	단수기간 (일)	수확과수 (개/주)	감소율 (%)	수량 (kg/10a)	감소율 (%)
5월	7	61.3	-17.9	414.1	-3.2
	15	57.0	-23.7	365.4	-14.6
6월	7	67.0	-10.3	409.4	-4.3
	15	55.0	-26.4	347.6	-18.7
7월	7	61.0	-18.3	395.0	-7.6
	15	56.7	-24.1	338.7	-20.8
8월	7	62.3	-16.6	380.2	-11.1
	15	64.0	-14.3	345.6	-19.2
적 습		74.7	0.0	427.7	0.0

※ 노지(자연 강우) 수량 : 317.1kg/10a

<위조증상>　　　　<낙화>　　　　<낙과>　　　　<기형과>

〈그림 6-21〉 가뭄으로 인한 피해증상

<점적관수>　　　　　<짚 멀칭>　　　　　<부직포 멀칭>

〈그림 6-22〉 가뭄방지를 위한 점적관수 및 멀칭피복

2 저온 및 동해

고추는 -0.7~-1.85℃ 정도의 저온에서 잎, 줄기 등이 어는 피해 (동해)를 볼 수 있다. 저온에 의해 식물조직이 결빙하면 세포간극에 먼저 결빙이 생기고, 세포결빙이 생기면 원형질 구성에 필요한 수분 이 동결하여 원형질 응고 및 변화가 생겨 원형질의 구조가 파괴되고 세포가 죽게 된다. 잎의 증상은 기형이 되거나 얼어서 죽게 된다.

피해증상은 생육이 저하되거나 정지되며, 화분의 이상(15℃ 이하) 이 생겨 화분발아율이 낮아지며 화분관 신장이 떨어진다. 또한 과

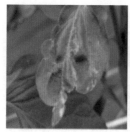

〈그림 6-23〉 저온 및 동해에 의한 피해증상

실에 종자가 생기지 않으면 기형과가 되는데 13℃에서 단위결과가 78~100%로 종자가 없는 과실이 대부분 착과되고, 18℃이상에서 정상적으로 착과되어 종자 수도 많고 과실 비대가 양호해진다(표 3-3).

노지상태에서 저온해 대책은 내저온성의 품종을 심고 만상일을 피하여 적기에 정식하는 것이 좋다. 포장 주변에 방풍시설을 하여 찬바람을 막거나 토질을 개선하여 서릿발의 발생을 경감하고 지역에 따라 일라이트부직포를 이용하면 저온피해를 줄일 수 있다.

3 고온해

고온해 증상은 식물체의 생육이 위축되고 꽃이 떨어진다. 광합성 양보다 호흡량이 증가하고, 유기물의 소모로 식물체가 연약해진다. 또한 단백질 합성 저해와 암모니아 축적 증가로 유해물질의 피해를 보며, 수분 흡수보다 증산작용이 왕성하여 식물체에 시듦(위조)증상을 유발한다.

〈석회결핍과, 노지〉　　　　　　〈일소과, 비가림하우스〉

〈그림 6-24〉 고온에 의한 생리장해 발생 현황

피해로는 지표면이나 식물체의 온도가 기온보다 높아 잎이나 과일이 타는 증상(일소엽, 일소과)이 발생하고, 화분이 비 정상이 되어 꽃이 떨어지는 증상(낙화)이 나타난다. 수정 능력이 없는 꽃가루(화분)는 꽃이 피기(개화)전 13~17일의 평균기온과 밀접한 관계가 있으며, 30℃ 이상에서는 비정상 꽃가루(이상화분)가 50% 이상 발생한다(표 3-2). 또한 지온상승과 건조가 겹쳐지면 양분흡수에 악영향을 받아 석회결핍과가 발생하기 쉽고, 온도에 민감한 진딧물류, 총채벌레류가 많이 발생하여 바이러스병을 유발할 수 있다.

대책으로는 시설재배에서는 인위적으로 냉방, 차광, 환기 및 송풍기 등을 적절히 이용하여 고온장해를 받지 않도록 관리해야 하며, 노지재배는 지온을 떨어트리기 위한 관수(이랑, 점적관수 및 스프링클러 등), 멀칭재배는 지온상승이나 건조해를 방지(비닐위에 짚이나 풀로 멀칭)하는 것이 좋으며, 석회결핍과 예방을 위해서는 염화칼슘

0.3%액을 7일 간격으로 2~3회 잎에 뿌려준다.

❹ 장마(침수)

우리나라의 기후 특성상 여름철에 비가 집중되기 때문에 배수가 나쁜 밭은 피해가 우려된다. 고추는 천근성 작물로 습해에 약하므로 물에 잠기면 뿌리의 활력이 나빠져 많은 피해를 받게 되는데, 투명비닐로 멀칭한 경우에 피해가 심하며, 증상으로는 식물체가 시들며 심하면 나중에 말라 죽는다〈그림 6-25〉. 식물체의 일부가 잠긴 상태(침수)의 경우보다 식물체가 물에 완전히 잠긴 상태(관수)가 고추에 더 큰 피해를 주며, 특히 아주 심은 지 얼마 안 되는 경우에 피해가 더 크다(표 3-6).

장마피해를 방지하기 위한 사전 대책으로는 물 빠짐이 나쁜 밭은 가급적 1열 이랑재배를 하고 이랑높이를 20cm 이상 높게 하며, 물이 잘 빠지도록 도랑을 사전에 정비하여 밭에 물이 머물러 있지 않도록 한다. 붉어진 고추는 비가 오기 전에 수확한다. 장마 중이나 장마 후의 대책으로는 평탄지나 다습지의 경우는 물빼기를 철저히 실시해 주며, 쓰러진 포기는 곧바로 일으켜 세워준다. 세워주기가 늦을 경우에는 뿌리가 굳어져 뿌리가 끊어지는 등의 피해를 받게 된다.

또한 장마철이나 집중호우시 침·관수 토양 중에 산소공급의 부족으로 뿌리의 호흡작용 저해와 뿌리의 부패로 식물체 저항성 약화로 역병과 같은 병원균이 침입한다(표 6-26, 그림 6-26). 겉흙이 씻

〈그림 6-25〉 장마에 의한 침수상태(좌)와 침수 후 고사상태(우)

겨 내려갔을 경우에는 북주기를 실시하여 뿌리의 노출을 방지한다. 장마기간 중에는 광합성 능력이 떨어지기 때문에 식물체가 연약해지기 쉬우므로 요소 0.2%액이나 제4종 복합비료를 5~7일 간격으로 2~3회 살포하여 세력을 회복시켜 준다. 역병, 탄저병, 반점세균병, 담배나방 등의 방제를 철저히 한다. 장마철에 농약을 살포할 경우에는 전착제를 첨가하면 약효를 지속시킬 수 있다.

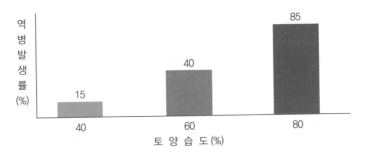

〈그림 6-26〉 토양습도에 따른 고추역병 발생률(국립농업과학원)

표 6-26 고추 역병 초기발생 정도에 따른 후기발생 상황

초기역병(장마 전)		후기역병(장마 후)
0.1 ~ 1.0%	⇒	2.70%
1.0 ~ 10.0%	⇒	35.0%
10.0% 이상	⇒	75.0%

5 태풍

태풍은 한창 수확할 시기인 8, 9월에 우리나라를 통과하는데 바람을 동반하기 때문에 낙과, 도복 등 단시간에 피해가 커지는 것이 특징이다(그림 6-27). 대책으로는 장마의 대책과 비슷하다. 그러나 태풍은 바람을 동반하기 때문에 사전에 지주를 더 꽂고 느슨한 유인줄은 팽팽하게 매어 도복이 되지 않도록 한다. 태풍에 의해 낙과가 많아질 염려가 있으므로 붉은 고추를 미리 수확하고, 물빠짐이 좋게 하기 위해서 도랑 정비를 철저히 한다. 태풍이 지나간 후에는 물빼기를 철저히 하여 침수되는 시간을 가급적 줄여주며, 쓰러진

〈그림 6-27〉 태풍에 의한 쓰러짐 피해

포기는 곧바로 일으켜 세워 지주로 고정시켜 준다. 세균성점무늬병, 탄저병 등에 적용되는 살균제와 요소 0.2%액이나 제4종 복합비료를 5~7일 간격으로 2~3회 뿌려준다.

6 우박

우박에 의한 피해는 국지적으로 발생하나, 예측할 수 없기 때문에 사전대책이 어렵고, 피해 또한 심하다. 우박을 예측할 수 있는 경우에는 미리 수확을 실시하거나 부직포나 비닐 등으로 피복을 하여 피해를 줄일 수 있지만, 노지재배의 경우에는 적은 면적이라면 가능할 수 있지만 대면적의 경우에는 불가능하다. 우박피해 시 대체작물 파종 또는 다시 심을 수 있는 여부를 판단하기가 어려운데, 고추 착과초기인 6월 상순경에 우박 피해를 심하게 받았을 경우 측지를 유인하여 잘 관리하면 어느 정도 경제적인 수량성을 확보할 수 있으며, 고추묘를 새로 심는 것은 고온으로 뿌리 활착이 늦고 생육이 지연되어 식물체가 충분한 생육을 할 수 없기 때문에 수량성이 낮아진다(표 6-27).

우박피해 포장은 잎 또는 과실이 떨어지거나 가지가 부러지게 된다〈그림 6-28〉. 부러진 가지의 상처를 통하여 병원균 침입 등 생리적 및 병리적인 장해를 일으키는 경우가 있기 때문에 피해 발생 7일 이내에 항생제 살포와 더불어 수세를 회복하기 위하여 추비를 한다. 4종 복합비료나 요소 0.3%액을 5~7일 간격으로 2~3회 살포하여 생육을 회복시켜 주는 것이 좋다〈그림 6-29〉. 또한 일라이트부직포를 이용하면 피복기간(4월 하순~6월 중순)에는 피해를 막을 수 있다.

표 6-27 우박 피해정도별 수량 (경북영양고추시험장, 2007)

구분		수 량(kg/10a)				
		8월 24일	9월 7일	10월 1일	계	지수
우박 피해[1]	극심	2.5	73.3	138.3	214.1	200
	심	8.7	79.5	137.9	226.1	211
고추묘 재정식[2]	46일묘	0	10.3	98.9	109.1	102
	118일묘	0	20.3	87.0	107.3	100

1) 우박 피해 받은 것을 그대로 회복시킴
2) 새로운 묘로 재정식한 경우

〈피해 극심〉   〈피해 심, 2차분지 이상〉

〈피해 심, 2차분지 이상〉   〈피해 후 약제살포〉

〈그림 6-28〉 우박 피해 정도와 피해 후 약제 살포

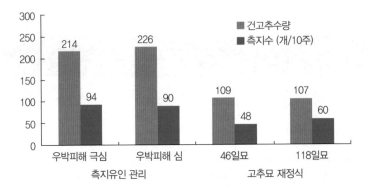

〈그림 6-29〉 우박피해시 측지유인 관리 효과(경북영양고추시험장, 2008)

• 우박피해 시기 : 6월 8일(고추 착과초기)
• 우박피해 양상 : 극심(전체 분지가 완전히 손상), 심(1~2차분지만 남음)
• 우박피해 고추밭 관리
 – 피해 직후 세균병+영양제 살포
 – 시 비(2회) : 6월 중순 이랑시비, 7월 하순 헛골시비
 – 병해충방제 : 6월 15일부터 12일 간격 탄저병+담배나방+영양제 8회 살포

4. 시설 풋고추 재배

1 작형(作型)

　고추는 중일성 작물로 햇빛이 비치는 시간의 길이에는 민감하지
않으나 광량이 많은 지역이 유리하며, 높은 온도를 좋아하는 작물
이므로 온도관리에는 특별히 주의하여야 한다. 시설풋고추 재배형
태는 시설 및 기타 경영면에서 볼 때 〈그림 6-30〉의 작형으로 구분
할 수 있는데, 전국의 35% 정도를 점유하는 경남의 경우 억제재배가
가장 많이 차지하는 작형이다. 최근에는 가격이 높은 시기의 출하를
위해 억제재배 작형에서 2개월까지 앞당긴 형태의 작부체계도 나타
나는 등 정식시기가 다양하게 분포되어 있다.

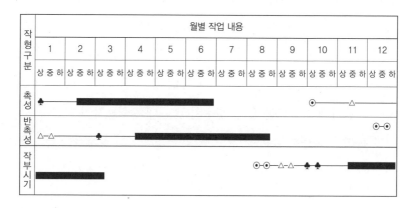

⊙ : 파종　△ : 가식, 육묘　♣ : 정식　■ : 수확

〈그림 6-30〉 작형별 재배시기

2 품종선택 요령

품종선택 요령은 제2장의 알맞은 품종선택을 참조한다.

3 육묘(5장 육묘기술 참조)

육묘작업은 대부분 노지재배와 같은 과정을 거치기 때문에 육묘관리는 노지재배 육묘기술을 참조하는데, 풋고추를 재배하는 촉성재배의 경우 전문 육묘장에 위탁 접목 육묘하는 경우가 많으므로 품종선택, 정식 당시 묘령 및 건전묘 여부에 주의하여 정식하면 된다.

자가 육묘의 경우 촉성재배의 육묘기는 주간은 고온이고 야간은 저온이므로 온도관리에 주의해야 하는데 특히 10월 하순부터 12월 중의 기상변화에 대비해야 하고 육묘 초기에는 병해충으로부터 보호하여야 한다. 억제재배의 경우는 촉성재배보다 고온기에 육묘하므로 육묘 중 병해충 관리에 더욱 세심한 주의를 기울여야 한다. 육묘기간은 육묘시기가 고온기 이므로 50~70일 정도로 첫 꽃이 개화하는 시기가 정식에 가장 적당한 묘령이지만, 정식 후 가온문제로 80~90일의 장기육묘를 하는 경우가 많은데 정식포장이 하우스 안이고 관리를 충분히 할 수 있으므로 되도록 작물의 정상적인 발육을 위해서는 적기에 정식하는 것이 좋다. 정식시기가 저온기이므로 저온에 적응이 되도록 묘의 순화를 충분히 시키는 것도 중요하다.

4 아주심기

(1) 땅고르기 및 이랑만들기

　시설재배에서는 재배기간이 길므로 노지재배보다 시비량을 많게 하는데, 밑거름을 농업기술센터, 농협, 농과대학 등 농업전문기관의 토양분석 결과의 적정 토양환경에 준하여 발급하는 시비처방서에 근거하여 밑거름을 주는 것이 가장 좋다. 그러나 불가피하게 시비처방을 받지 못한 토양의 경우는 시비량을 10a당 성분량으로 질소 19kg, 인산 6.4g, 칼륨 10.1kg 기준으로 주고 퇴비는 반드시 10a당 3,000kg 이상 사용하여 지력이 떨어지지 않게 한다.

　추비는 정식한 후 30~35일 경부터 실시하는데 1회 추비량은 10a당 성분량으로 질소 1.5kg, 칼륨 1.0kg 내외로 하고 하우스 내에서는 가스발생에 의한 피해가 있을 수 있으므로 가급적 관수할 때 액비를 만들어 관수하도록 한다. 이때 액비의 희석배수는 800~1,200배로 한다. 요소비료를 줄 때는 가능한 액비로 주거나 흙에 섞어서 1주일 정도 놓아두었다가 암모니아가스가 발산된 뒤에 주도록 한다. 풋고추는 흡비력이 강하여 양분을 너무 지나치게 흡수하게 되면 수량이 감소하고 과면에 윤택이 없어지고 낙과(落果)가 심하다.

　시설재배는 노지보다 재배기간이 길고 연속재배로 염류농도가 높은 포장이 많기 때문에 밑거름 비율을 표준시비보다 낮추고 추비위주로 재배하는 경우도 많다. 이런 경우에는 밑거름 비율을 10% 정도 낮추고 추비간격을 줄여 자주 해주는 것도 좋다. 재배시설 내 점적관수 시설을 갖춰 추비를 하기도 하는데 이때의 추비량은 전체 시비량에서 밑거름 양을 뺀 후에 그것을 예정된 전체 시비횟수로 나눈 양을 1회 시비량으로 한다.

퇴비 및 밑거름은 아주심기 2주일 전에 고루 뿌리고 두둑을 짓는데, 이랑과 이랑사이의 간격은 이랑 중간을 기준으로 하여 150~180cm로 넓게 만들고, 포기사이는 30~50cm 정도의 간격으로 하여 1줄로 심되 재배기간과 품종의 생육특성을 고려하여 두둑 간격 및 심는 간격을 조절하도록 한다. 재식간격을 좁게 하면 재식 주수가 많아져서 초기 수량은 높아지나, 후기로 갈수록 가지가 많아 유인노력이 많이 소요되고, 통풍이 잘 되지 않아 상대습도가 높아짐에 따라 생육이 불량해지고, 병충해 발생이 많아질 수 있으므로, 3.3㎡당 5~7주 정도 심는 것이 작업이 용이하고, 바람, 햇빛 등이 잘 통하여 품질 좋은 풋고추를 수확할 수 있다. 옛날 방식으로 3.3㎡당 10주 이상 심거나 2줄로 재배하는 농가들도 있는데, 관리가 불편하고 품질이 나빠지고, 수량도 기대한 만큼 높아지지 않으므로 너무 배게 심지 않도록 주의한다. 8월에 아주심기 하여 다음해 6월에 수확을 마치는 장기재배 시에는 가능하면 넓게 심어서 생육후기에 햇빛 부족이 되지 않도록 주의하여야 한다. 이랑의 높이는 배수가 잘 안 되는 평탄지는 20cm 이상 높은 이랑을 만들어 장마 시 침수를 방지하고, 역병 발생을 줄이도록 한다.

1줄 재배의 경우 정식 전에 두둑 위의 양쪽으로 한 줄씩 점적관수용 호스를 깔고 그 위에 흑색PE를 이용하여 가운데 심을 자리만 남겨두고 양쪽으로 통로까지 피복하여 잡초 발생 경감 및 토양수분을 유지할 수 있도록 준비한다.

이랑의 방향도 수량에 영향을 미치는 큰 요인인데 하우스 방향이 남북향(南北向)의 대형(또는 연동형) 하우스인 경우는 동쪽 이랑에 재식주수를 많게 하고 가운데 이랑은 약간 드물게 심는다. 이는 저온기 하우스 재배시 일장이 짧고 광선량이 적기 때문에 심는 위치를 조절하여 환경의 영향을 최대한 이용하기 위해서이다. 그러나 단동형 소형 하우스에서는 정식거리에 맞추어 심는 것을 원칙으로 한다.

(2) 아주심기 요령

아주심기 전날 플러그 상자에 물을 충분히 주어 모가 잘 빠져나오도록 하고, 아주심기 하루 전부터 땅의 온도를 25℃ 정도가 되도록 충분히 보온 또는 가온을 한다. 시설 풋고추 촉성재배의 정식시기는 온도가 낮은 시기이므로 되도록이면 햇빛이 잘 드는 날의 오전 11시부터 오후 2시 사이에 정식하는 것이 활착에 도움이 된다. 정식 깊이는 육묘기에 심겨 있던 지제부(地際部) 부위까지만 흙에 묻히도록 심어야 하는데, 너무 깊게 심으면 줄기 부위에서 새 뿌리가 나와 활착이 늦고, 얕게 심으면 땅 표면에 뿌리가 모여 건조 피해를 받기 쉽다.

5 정지 및 유인

초기에 지나치게 웃자란 고추에는 열매가 잘 안 달리는 경우가 있는데, 지나치게 번무한 포장에서는 시비량을 줄이고 원줄기를 높이면서 약간의 스트레스를 주어 생식생장으로의 전환을 유도한다. 방아다리에서 착과된 첫 열매도 너무 일찍 제거하지 말고 식물의 세력을 보아가면서 제거토록 한다.

이산화탄소(CO_2)를 사용하는 농가에서는 열매가 착과된 후부터 공급토록 한다. 풋고추 수경재배시에는 과다한 영양생장이 문제시되는 경우가 많으니 주의해야 한다.

지주는 직경 22mm 파이프를 이용하여 V자 형으로 2m 높이로 설치하는데 6개월 정도 지나면 키가 최고 2.5m 이상 자라므로 상단부를 절단하든지 옆으로 유인을 하면 된다. 최근에는 눈금 사방 20cm 크기의 그물을 V자로 쳐놓고 그물 위에 유인을 하는 농가들이 많이 늘고 있다. 줄을 늘어뜨리는 방식에 비해 노력이 크게 줄고, 세력 조절을 위해 가지의 높이 조절이 아주 쉬운 장점이 있다.

유인은 초기에는 4가지 유인법을 사용하여 3~4개월간 수확 후 도장지를 유인하여 3~4개월 동안 수확하는 방법이 좋다. 초기에 유인 정지를 잘못하면 식물끼리 서로 엉켜 빛 쪼임과 바람의 흐름이 나빠져 수확과실의 품질이 떨어지므로 주의하도록 한다.

친환경 시설 풋고추 재배 시 적정 유인방법 연구 결과(표 6-28, 표 6-29), 정식 30일 후 1차분지 및 2차분지까지 45°각도로 측면 유인줄로 4줄기의 주지를 유인 한 후 시설하우스 중앙 또는 설치 파이프에서 수직으로 내린 줄에 각각 유인하여 직립으로 주지를 키우는 방법으로서, 측지 발생 시 측지에는 5개 정도의 과실 착과 후 적심하는 식으로 유인하는 것이 상품수율 및 상품수량을 향상시켜 소득이 증대되는 효과적인 방법이었다.

표 6-28 유인방법 및 재식거리에 따른 작업시간

온도(℃)	4줄기 유인		터널 유인		관행 방임	
재식거리	30cm	50cm	30cm	50cm	30cm	50cm
작업시간 (시간/1인/10a)	1,120	671	1,156	692	1,084	650
지수	103	62	107	64	100	60

표 6-29 유인방법 및 재식거리에 따른 수량 구성요소 및 수량

유인 방법	재식 거리	상품 과율 (%)*	상품1 과중 (g)	주당 상품과 (개)	상품수량 (kg/10a)		곡과율 (%)	총수량 (kg/10a)	
					수량 **	지수		수량	지수
4줄기 유인	30cm	90.2	11.1	347.3	8,563 a	114	9.6	9,387	110
	50cm	90.3	11.8	496.5	7,799 b	104	9.4	8,558	100
터널 유인	30cm	90.0	11.1	356.7	8,775 a	117	9.7	9,664	113
	50cm	89.1	11.4	486.6	7,397 b	98	10.4	8,228	96
관행 방임	30cm	87.1	11.2	303.5	7,523 b	100	12.7	8,539	100
	50cm	88.5	11.2	424.7	6,357 c	85	11.1	7,083	83

※ 시험품종 : 녹광

6 관수관리

고추는 천근성 작물로서 건조와 다습에 영향을 많이 받는 작물이어서, 개화기에 건조하면 낙화 및 낙과의 원인이 될 뿐 아니라 식물체의 발육이 나빠 개화수가 적어져 수량이 떨어지고 품질이 나빠

진다. 시설 내에서는 습도도 문제가 되므로 고온에서 상대습도를 80%로 하는 것이 착과율은 높으나 병해와 관계가 있으므로 다습을 피하고 관수도 저온이나 비가 올 때에는 피하는 것이 좋으며 침수가 되지 않도록 한다. 뿌리가 침수되었을 때 가지는 바로 회복이 되나 고추는 일단 침수되면 4~5일 지나야 회복된다.

시설 내 관수는 1줄 재배의 경우 정식 전날에 두둑 위 양쪽으로 한 줄씩 10cm 간격의 점적관수 호스 또는 직경 3~4cm의 분수호스를 설치하여 관수하거나 플라스틱 파이프에 30~40cm 간격으로 구멍을 내어 관수하면 노력이나 관수량 절감 면에서 유리하다. 또한 뿌리를 보호하여 병 발생을 방지할 수 있는 이점이 있다. 관수량은 3~4일에 한번씩 3.3㎡(1평)당 15L가 적당하지만 날씨 및 토양에 따라 달라지므로 생육상태 및 토양의 수분상태에 주의해야 한다.

7 시설고추 착과증진 방안

(1) 진동 수분

고추의 착과는 약 70%가 자기꽃가루받이에 의해 이루어지고, 30% 정도는 다른 꽃의 꽃가루받이에 의하는데, 시설재배를 할 때는 밀폐, 높은 습도, 낮은 온도 등의 영향으로 꽃가루받이가 잘 되지 않는 경우가 많으므로 꽃핌과 꽃가루 터짐이 활발하게 이루어지는 오전 8시~10시 사이에 바람이 통하게 해주거나 지주나 줄을 잡고 흔들어 주는 것이 열매 착과를 높이는데 효과적이다. 최근에는 진동수분과 아울러 수정 벌을 이용하는 농가도 늘고 있는데, 초기 웃자람이 심할 때 효과가 있다.

(2) 변온 관리

작물이 광합성을 하는 낮 동안의 광합성 시간대, 해가 지는 17시부터 20시까지 전류 시간대, 20시 이후의 호흡소모 시간대 등으로 구분하여 변온관리를 하는 것이 보통인데, 이 시간을 작물별로 정확히 구분한다는 것은 어렵고 전류 시간대에서 호흡 소모 시간대로 바뀌는 시점에서 완충적인 시간대를 주는 것이 온도스트레스를 줄일 수 있다.

고추의 생육적온은 낮 25~28℃, 밤 18~22℃이고, 땅의 온도는 보통 18~24℃이다. 계속적으로 높은 수량을 유지하기 위해서는 초세의 조절이 중요하므로 낮에는 적온보다 약간 낮게 관리하고, 밤에는 16℃ 이상을 유지하는 것이 중요하다. 낮 동안의 고온다습과 오후의 고온관리는 초세가 약해지기 쉽고, 30℃ 이상에서는 꽃가루의 성능이 나빠져 열매가 떨어져버린다.

또한 초저녁의 급격한 온도 하강은 잎과 과실의 온도 차이에 의해 잎에서 만든 동화산물의 이동이 비교적 온도가 높은 과실이나 꽃으로 이동을 용이하게 해주므로 착과 및 과실 비대에 도움이 된다. 그러나 광폭형 하우스의 경우 난방비 절감을 위하여 보온 덮개를 일찍 닫으므로 이러한 효과를 얻기 쉽지 않다. 그러므로 착과가 불량하거나, 열매가 많이 떨어질 때는 보온 덮개 닫아주는 시간을 조절하여 초저녁 온도를 관리할 필요가 있다.

(3) 공기습도 관리

착과에 적합한 최소한의 공기습도는 80% 이상이며, 17℃에서 90%, 18℃에서 85% 전후가 열매 맺힘에 적합한 습도이다. 고추의 개화는 오전 6시부터 10시까지가 가장 왕성하며 해가 뜨면 하우스 내의 온도가 높아져 환기하여야 되나 환기와 더불어 공기습도도 갑자기 내려가기 때문에 이른 아침 가온하여 환기 전에 꽃가루받이를 끝내도록 하는 것도 좋은 방법이다.

공기습도가 낮을수록 낙화가 심해지는데, 온풍난방기로 가온할 경우 꽃핌과 열매 달림이 활발한 시간대인 오전에 건조해지기 쉽고, 시설 내 헛 골의 멀칭재료로 PE 필름을 이용하는 농가가 있는데, 이는 비닐하우스 내의 공기습도를 더욱 낮추는 결과를 초래하므로 보온덮개, 일라이트 부직포 등과 같이 수분을 차단하지 않는 재료를 이용하는 것이 습도 유지나 작업할 때 좋다. 적극적으로 열매 맺힘을 유도하기 위해서는 하이미스트 시설을 이용하여 물을 뿌려 공기습도를 높여주는 방법도 있다.

(4) 탄산가스 공급

공기 중의 탄산가스 농도는 340ppm정도이나 시설재배 환경에서는 광합성이 왕성하게 일어나는 해 뜬 후 30분 정도 후 부터는 대기 중 농도의 절반 이하인 70~120ppm까지 급격하게 떨어져 탄산가스의 흡수량이 적어서 충분한 햇빛과 적당한 온도가 유지되더라도 광합성 속도가 떨어지게 되고, 동화량의 감소로 나쁜 꽃이 많이 달리게 되어 열매 수의 감소를 가져오게 된다.

고추 시설재배의 경우 햇빛이 좋은 맑은 날은 해 뜬 후 30분부터 2~3시간동안 대기 중 농도의 3~4배가 되는 1,000~1,500ppm 정도로, 햇빛이 약하고 흐린 날은 500~800ppm 정도로 탄산가스를 주면 확실히 광합성 속도를 높여 열매 맺힘과 자람을 좋게 하여 상품성이 높은 과실을 생산할 수 있다.

(5) 보온관리 및 환기

하우스 내의 커튼 장치는 보온력을 높이고 연료비를 절약할 수 있으므로 설치하는 것이 좋다. 커튼 장치는 고정 밀폐하는 것보다는 낮 동안의 햇빛 이용이나 환기를 위해서는 커튼 개폐 장치를 설치하여 될 수 있는 대로 햇빛을 많이 받도록 해야 한다. 아침의 햇빛은 광합성에 중요하므로 햇빛에 의해 하우스 내부가 따뜻해지면 빨리 보온자재를 벗기는 것이 중요하며, 햇빛이 투과하는 피복자재는 다소 늦어도 상관없으나 햇빛이 투과하지 못하는 피복자재는 햇빛이 조금이라도 있으면 벗겨주는 것이 좋다.

고온장해는 생장점 부분이 피해가 심하나 피해 당시의 고온 지속 시간에 의해서도 영향을 크게 받는다. 대개 32℃ 이상이 되면 장해를 받기 시작하므로 가급적 30℃ 이상이 되지 않도록 관리해야 하며, 천창을 만들어 이용하는 것이 효과적인 예방책이 될 수 있다.

바깥기온이 낮을 때에 측창을 이용하면 외부의 찬바람이 식물체에 닿아 좋지 않으며, 환기창도 일시에 많이 열어주기 보다는 바깥

기온의 상승에 따라서 단계적으로 열어주는 것이 좋다.

또한 시설 내 공기의 유동을 원활하게 하기 위하여 유동팬을 설치하면 시설 내 환경관리가 용이해 진다. 상대습도 뿐만 아니라 온도 편차를 줄일 수 있는 좋은 방법이다.

(6) 지나친 웃자람에 의한 꽃 떨어짐 방지

생육초기에 지나치게 웃자라서 꽃 떨어짐이 많아지는 경우가 있는데, 뿌리 부위의 물이나 양액공급량 및 농도를 낮추어주고, 아랫마디에 달린 열매를 빨리 따지 않도록 한다. 지주나 줄을 흔들어주거나, 수정벌을 이용하는 등 적극적인 방법을 동원하여 영양생장에서 생식생장으로 전환을 가능한 한 빨리 유도하여야 한다.

〈지나치게 웃자란 고추〉　　　　〈꽃 떨어짐 현상〉

〈그림 6-31〉 웃자란 고추(왼쪽)와 꽃 떨어짐 현상(오른쪽).

7장.
안전한 고추생산을 위한
병해충 방제기술

1. 고추의 병해

고추는 넓은 면적에 재배하고 재배기간이 길어 병해충의 피해가 지속되며, 기후에 따라 빠른 속도로 병해충이 크게 발생하는 경우도 있다. 특히 기후가 변화하면서 병의 발생 양상이 변화하고 있어, 병을 방제하는 새로운 방법을 개발하고 적용하지 않으면 큰 피해를 입을 수 있다.

7장에서는 최근에 문제가 되는 주요 병을 중심으로 실질적인 병 방제 방법에 대해서 알아보고자 한다.

1 고추 탄저병

(1) 병징

　고추 탄저병은 고추 열매가 달리고 비가 내리기 시작하면서 발생이 시작되는 병이다. 과거에는 7월 상순경부터 발생한다고 보고되었는데, 최근에는 평야지대에서는 7월 중순부터, 경북과 같은 준고냉지대에서는 8월 초순에 발생하는 경향을 보이기도 한다. 고추가 녹과일 때부터 발생하는데, 병 발생 초기에는 갈색의 작은 반점이 생기고 시간이 지나면서 검은색으로 변하며 병든 부위가 움푹 들어가게 된다. 병반이 커지면 병반에 둥근겹무늬가 나타나며 병반 위에 주황색의 점들이 나타나는데, 이 점들이 포자 덩어리이다.

〈그림 7-1〉 고추 탄저병의 병징

　밭에서 탄저병과 혼돈하기 쉬운 병이 있는데, 알트나리아(Alternaria)라고 하는 병원균이 일으키는 병과 탄저병은 고추 재배의 초보자들이 쉽게 혼돈할 수 있다. 알트나리아(Alternaria)에 의해서 나타나는 병은 탄저병과는 다르게 주로 칼슘 결핍 등과 같은 생리장애를 받은 열매의 피해 부위에 형성되며, 검정색 포자가 많이 형성되기 때문에 쉽게 구분할 수 있다. 알트나리아(Alternaria)는 죽은 조직에서 잘 자라는 성질이 있는 곰팡이로 고추 열매를 침입하여 병을 일으키기 보다는 칼슘 결핍 등과 같은 생리장애를 입어 죽은 부위에서 자라면서 이차적으로 피해를 준다.

(2) 병 진전

고추 탄저병균은 토양, 병든 식물체 등에서 균사나 분생포자로 월동한다. 탄저병균은 병든 고추 열매를 말려서 4℃에서 20℃사이에서 보관한 경우 18주까지, 토양 온도를 10℃로 유지하고 토양 습도가 6% 미만일 경우 36개월까지 각각 병원균이 죽지 않고 살아 남을 수 있으며 이렇게 살아남은 병원균은 고추 열매에 병을 일으킬 수 있다.

탄저병은 강우와 매우 밀접한 관계가 있어, 비가 오면 흙 속의 병원균이나 주위의 다른 기주에 있던 병원균이 빗물을 타고 옮겨져 고추 열매에 침입하면서 병이 발생하게 된다. 고추 열매 표면에 상처가 있을 때는 병원균이 열매를 직접 침입하지 않고서도 상처에서 누출된 세포질을 이용하여 상처 주변에서 균사가 자라고, 많은 분생포자를 형성하게 된다. 열매 표면에 형성된 균사와 분생포자는 점액질에 의해서 열매 표면에 부착하여 있게 된다. 이 때 빗물이 떨어지면 점액질이 녹으면서 분생포자들이 빗물에 섞이고 건전한 고추 열매 표면으로 튀면서 병이 빠르게 번져나간다.

상처가 없는 고추 열매에 병을 일으키는 과정은, 고추 열매 표면에서 분생포자가 발아하고 부착기를 형성하여 침입하게 된다. 병원

균이 열매 표피를 침입하고 4일 정도 지나면 표피 조직 아래에 분생
포자층이 형성되고 분생포자가 만들어지기 시작하면서 분생포자가
표피를 찢고 표피 밖으로 나오게 된다. 이렇게 형성된 분생포자 역
시 점액질에 의해서 부착되어 있기 때문에 건전한 조직으로 전파되기
위해서는 반드시 비바람이 필요하다. 이처럼 탄저병균 포자는 빗물
을 타고 옮겨지기 때문에, 비가 온 후에 탄저병은 한 곳에서 발생하
여 주변으로 전파되기 시작하며 병이 밭 전체로 번져나간다.

(3) 병 방제

① 병든 식물체 제거

토양 또는 병든 식물의 잔재에 존재하는 고추 탄저병균은 병든
식물체의 수분 함량이 높지 않다면 월동이 가능하고, 다음 해에 1차
전염원으로서 식물체를 침입할 수 있기 때문에 고추 밭에서 병든 식
물체는 반드시 없애야 한다.

② 골 피복과 반비가림 재배

(표 7-1)에서는 골을 피복한 것이 탄저병 방제에 효과가 적은 것
으로 나타났지만, 이는 좁은 면적에서 실험한 결과로서 골 피복의
효과를 전체적으로 판단하기 어렵다. 탄저병균은 토양이나 병든 식
물의 잔재에서 균사와 분생포자의 형태로 월동하기 때문에, 빗방울
에 의해서 토양 중의 병원균이 튀어 올라 고추 열매를 침입할 수 있
다. 따라서 이랑과 더불어 골을 피복한다면 잡초 관리 효과뿐만 아
니라 탄저병균이 튀어 오르는 것을 방지하기 때문에 병 방제가 가능

할 것으로 생각된다. 그러나 골 피복의 효과는 넓은 면적에서 동시에 이루어질 때 어느 정도의 효과가 나타날 것으로 생각하며, 골 피복의 더 중요한 목적은 잡초 관리라고 할 수 있다. 반비가림 재배는 살균제를 처리하는 것과 비슷한 효과를 얻을 수 있는 반면에, 시설비와 추후 노후된 시설의 철거 등이 문제가 될 수 있다.

표 7-1 골 피복과 반비가림 재배시 고추 탄저병 방제효과

처리구	1차 조사 (7월 27일)		2차 조사 (8월 26일)	
	발병과율 (%)	방제가 (%)	발병과율 (%)	방제가 (%)
무처리구	4.0	–	86.6	–
골 피복	4.2	0.0	83.8	3.2
반비가림 재배	0.5	87.3	12.5	85.5

③ 저항성 품종의 이용

최근 탄저병에 대한 저항성이 높은 품종들이 상용화되기 시작하였다. 사용하던 품종을 새로운 품종으로 바꿀 때에는 품종의 특성

〈그림 7-2〉 고추 탄저병에 대한 포장 저항성. 일반계 품종(왼쪽)과 저항성 품종(오른쪽)

을 충분히 고려하고, 품종을 바꾸고자 하는 이유를 분명히 하여 결정해야 한다. 탄저병 저항성 품종은 상업화 초기 단계이기 때문에 종자회사 또는 관련 연구소의 도움을 받아 각 지역에 맞는 품종의 선택이 이루어질 수 있게 하는 것이 좋다.

④ 살균제 처리

살균제의 처리 체계를 세우면 살균제 구입비와 노동력을 줄일 수 있어 경영비의 부담을 줄일 수 있다. 또한 적절한 시기에 적절한 농약을 골라서 사용하기 때문에 병 방제의 효과를 높일 수 있을 뿐 아니라, 병원균이 살균제에 대하여 저항성을 나타내는 것을 관리할 수 있는 방안이 된다. 하지만 밭의 환경이 변하기 때문에 살균제 처리 체계를 확립하려면 몇 년간 효과를 검정해야하며, 지역과 그 해의 기상에 따라 체계를 변형하여야 한다. 여기에 소개하는 고추 탄저병 처리 체계는 오랜 기간 밭에서 실험한 결과를 바탕으로 확립되었으며, 최근 3년 동안의 결과를 종합하여 처리 체계의 기본 원리와 방법을 설명하고자 한다.

일반적으로 살균제는 예방살균제와 치료살균제로 구분할 수 있다. 예방살균제란 병원균이 식물체에 침입하기 전에 처리하여야 우수한 효과를 얻을 수 있는 살균제로서, 유효성분이 식물체 내부로 침투되지 않고 식물체 표면에 남아있어 처리한 후 비가 오게 되면 효과가 감소하게 된다. 치료살균제는 유효성분이 식물체 내부로 침투하기 때문에 병원균이 식물체를 침입하여 이미 병이 발생한 후에 처리하여도 병 발생을 어느 정도 억제할 수 있는 살균제이다. 최근에 등록되는 살균제에는 예방살균제와 치료살균제를 혼합하여 만든 혼합살균제가 새로운 품목으로 많이 등록된다. 이와 같이 살균제의 특성과 유효성분의 종류를 가지고서 고추 탄저병 방제를 목적으로 등록된 살균제를 구분한다면 예방살균제와 치료살균제로 나눌 수 있고, 치료살균제는 다시 곰팡이의 에르고스테롤 생합성을 억제하는 살균제와 병원균의 미토콘드리아 호흡을 억제하는 살균제로 나눌 수 있다. 특별한 살균제로서 식물체에서 저항성을 유도하는 것으로 알려져 있는 벤조치아디아졸(benzothiadiazole)과 예방살균제인 만코제브(mancozeb)의 합제도 사용되고 있다. 많은 살균제가 등록되어 사용되고 있지만, 살균제를 작용 특성을 기준으로 분류하면 결코 다양하지 않다. 고추 탄저병을 방제하기 위해서는 고추의 생육 시기와 발병 시기를 고려하여 그림과 같은 시기에 적절한 살균제의 처리가 필요하다.

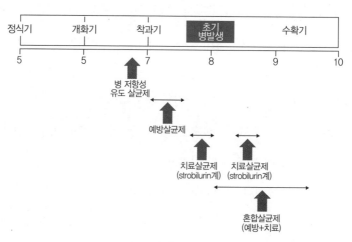

〈그림 7-3〉 고추 생육 및 탄저병 발생 시기에 맞춘 살균제 처리 체계

고추 생육과 탄저병의 발생 시기를 고려하여 표와 같이 살균제를 7회 처리한 경우 9월까지 탄저병을 효과적으로 방제할 수 있다.

표 7-2 살균제 처리 체계

일 정	살균제
6월 하순	혼합살균제(병 저항성 유도 식물활성제/예방살균제)
7월 초순	예방살균제
7월 중순	예방살균제
7월 하순	스트로빌루린계 치료살균제
8월 중순	혼합살균제 (예방/치료)
8월 하순	혼합살균제 (예방/스트로빌루린계)
9월 초순	혼합살균제 (예방/치료)

위와 같이 살균제를 7회 처리하는 체계를 2012년부터 2014년까지 3년간 청주와 청송의 고추밭에 적용한 결과, 청주는 61.3%에서 88.8%의 방제효과를, 그리고 청송에서는 68.7%에서 95.6%의 방제효과를 얻었다. 주의할 점은 이 체계에 따라서 살균제를 살포할 때에는 기상의 변화를 잘 관찰하여, 강우 정도에 따라 탄력적으로 살균제 처리 횟수를 조정하여야 한다. 또한 병 발생 직전 또는 직후에 처리하는 스트로빌루린계 살균제의 처리는 작기 중에 2회 이상 처리하지 않아야하며, 연속해서 처리하는 것도 피하는 것이 좋다. 스트로빌루린계 살균제의 작용기작이 매우 특이하여 저항성인 균도 쉽게 나타날 수 있기 때문에, 작용기작이 다른 살균제와 번갈아 처리하거나 혼합하여 처리하는 것이 바람직하다.

2 고추 역병

고추 역병은 매년 고추 정식 후부터 재배기간 동안 발생하여 많은 피해를 준다. 고추 역병균은 토양 내 수분과 매우 밀접한 관련이 있어, 일반적으로 6월부터 역병이 발생하여 장마기에는 그 피해가 크게 증가한다. 고추 역병균은 주로 토양 속에서 생활하며, 고추를 심지 않아도 토양 내에서 2~8년 간 생존하기 때문에, 고추 비가림 재배에서도 역병에 의한 피해가 발생한다. 고추역병은 토양 전염성 병으로 일단 발병이 되면 약제방제 효과가 낮아지기 때문에 연작을 할 경우에는 피해가 커진다.

(1) 병징과 병 진전

고추 역병균은 난균류에 속하는 유사곰팡이로서 다양한 식물체에 침입하여 병을 일으킨다. 역병균은 2개의 꼬리를 가지고 있어 물속에서 헤엄칠 수 있기 때문에, 고추밭의 이랑을 따라 역병이 번져 나간다.

역병균은 주로 땅가 부근의 고추 뿌리에 침입하는데, 고추가 역병균에 감염되면 땅가의 줄기부분이 암갈색으로 되어 줄기가 잘록해지면서 썩게 되며, 점차 줄기 위쪽으로 감염되고 포기 전체가 시들어 말라 죽는다. 이 때 땅가 줄기의 껍질을 벗겨 보면 줄기가 검은색으로 변해 있는 것을 볼 수 있으며, 건조하면 땅가 줄기의 바로 위쪽 표면에 회색의 곰팡이가 형성되기 때문에 최근 고추에 문제가 되는 풋마름병과 구별할 수 있다〈그림 7-4〉. 흙 표면에 있던 역병균이 빗

방울에 의해 튀면 잎, 과실, 줄기에서도 발생할 수 있는데, 역병 발병
부위는 물에 데친 것 같은 형태로 되며 병이 발생한 부위에서는 회백
색의 곰팡이가 함께 형성된다〈그림 7-5〉.

〈그림 7-4〉 고추 역병에 의한 뿌리썩음 증상(왼쪽)과 풋마름병 발병 고추(오른쪽)

〈그림 7-5〉 고추 과실(왼쪽)과 땅가 부위(오른쪽)에 발생한 고추 역병 병징

(2) 병 방제

① 경종적 방법

고추 밭을 만들 때 이랑을 20cm 이상 높게 만들고 비가 내릴 때 고추 뿌리가 물에 잠기지 않도록 하여야 한다. 비가 지속적으로 내리면 신속히 밭 주변에 물이 흘러들어오지 않게 하고 고랑에서 빗물이 빨리 빠져 나갈 수 있게 이랑 양 끝에 배수로를 깊게 파주어야 한다. 또한 장마 전 밭에 물이 고이지 않도록 정식 후 흑색 비닐을 깔아 장마 때 물이 고이는 것을 최대한 줄여 주어야 한다. 역병 발병 초기에는 병든 포기 전체를 뽑아버려 병 발생 속도를 늦추어야 한다.

② 녹비작물 재배

녹비작물을 이용하여 고추 역병 피해를 줄일 수 있다. 고추 재배 연작지에서 고추 재배 후 호밀을 10a 당 18~20kg을 파종하여 이듬해 밭을 만들기 전 갈아 엎어 토양에 섞은 후, 이랑높이를 30cm 이상으로 높여 재배하면 역병의 첫 발생이 약 38일 정도 늦어지게 되며, 역병 발생도 약 40% 이상 줄이는 효과가 있다.

③ 저항성 품종과 접목묘의 이용

역병저항성 품종 및 역병저항성 대목을 이용한 접목묘 재배로 역병을 예방할 수 있다. 역병저항성 품종은 일반계 고추보다 역병 발병을 늦추거나 줄일 수 있어 가장 효과적인 방법이다. 역병저항성 대목을 이용하여 접목재배하면 역병 상습발병포장에서 역병 발병률이 약 60% 이상 경감되는 효과가 있다. 접목재배 시 접목 높이를

5cm 이상으로 하고, 얕게 심어야 역병방제 효과를 볼 수 있다(표 7-3).

표 7-3 역병상습발생지에서 접목높이에 따른 역병발병률(영양고추시험장, 2006)

접목높이	2cm	3cm	4cm	5cm이상
역병발병률(%)	100	84.6	11.8	0

④ 살균제 처리

역병은 색조류계의 난균문에 속하는 유사곰팡이로서, 일반적인 진정균류와는 형태·생리적으로 다르기 때문에 방제용으로 사용하는 살균제도 일반 식물병원균을 방제하는데 사용하는 살균제와는 다르다. 역병 방제용으로 사용하는 살균제는 역병균의 균사생장 뿐 아니라 유주포자낭의 형성, 유주포자와 유주포자낭의 발아, 난포자의 형성 등을 억제하여 효과적으로 역병을 방제한다. 역병균은 살균제에 대해 저항성이 생긴다고 보고되어 있어는데, 밭에서 분리한 역병균 중 약 39%에 달하는 균주는 메타락실(metalaxyl)이라는 살균제에 대해서 저항성을 나타낸다. 저항성 균주는 감수성 균주와 비교하여 균사생장, 유주포자낭 발아, 유주포자의 나출, 그리고 고추 품종에 대한 병원력 등에서는 차이가 없지만, 밭에서 생존에 관여하는 유주포자낭과 난포자의 형성량은 저항성 균주가 감수성 균주보다 높기 때문에, 포장에서 저항성 균주의 비율이 증가할 수 있는 가능성이 있다. 따라서 지역에 따라서는 메타락실(metalaxyl)의 사용을 자제해야 하며, 살균제를 사용하기 전에 저항성 발현에 대한 모니터링을 꼭 실시하여야 한다. 충북 청주의 고추 포장에서 만디프로파미드, 쿠퍼 하이드록시드, 플루오피콜리드, 메타락실, 디메쏘모르프 등 5종의 살균제를 조합하여 순차적으로 처리하였을 때, 95.1%의 매우 높은 방제효과를 얻기도 하였다.

포장에서 살균제를 처리할 때에는, 역병균이 토양전염성 병원균이므로 고추의 지제부나 토양에 처리해야 우수한 효과를 얻을 수 있다. 하지만 관주할 수 있는 특별한 시설이 없거나, 다른 지상부 병해 방제용 살균제와 혼합하여 처리해야 하는 경우에는 충분한 양의 살균제를 처리하여 처리한 살균제가 표토 부위로 흘러내릴 수 있게 처리해야 한다.

3 고추 세균점무늬병

(1) 병징과 병 진전

고추 세균점무늬병은 잎, 잎자루, 줄기, 과경 및 열매 등 식물체의 각 부위에서 발생하지만, 주로 잎에 발생한다. 잎에 발생하면 처음에는 황녹색의 작은 점무늬가 나타내며 병반 주변은 황색띠로 둘러싸이고 잎의 가장자리에는 수침상의 병징이 나타난다. 특히 잎이 젖은 상태에서는 잎과 줄기, 열매 등에서 수침상 병징이 진행되어 반점의 중앙부위가 괴사되어 함몰한다〈그림 7-6〉. 병반이 점차 확대되어 융합되면 엽맥을 따라 병징이 나타나고 잎 전체가 황화되면서 일찍 낙엽지게 되는데, 심하게 낙엽지기 때문에 고추 생육에 영향을 줄뿐 아

〈그림 7-6〉 고추 세균점무늬병의 병징

니라 생산량에도 직접적으로 영향을 미쳐 수량이 감소하게 된다. 이
병은 온도가 높고 비가 자주 내려 습도가 높을 때 발생이 심하므로
노지재배에서 발생이 많으며, 특히 7월과 8월에 많이 발생한다. 세균
점무늬병을 일으키는 병원균은 식물 잔재, 발병되어 고사된 잎, 뿌리,
종자, 재배토양, 주변 잡초 등에 월동하여 생존한 후 병을 일으키고,
감염된 종자에서 최소 10년 동안 생존이 가능하다. 포장의 관리상태
에 따라서는 생육초기부터 발병하여 피해가 심하기도 하고 집중호
우가 내린 후 병이 크게 발생하여 잎에 100% 발병되기도 한다. 병이
심하게 발생하면 고추생산량이 30% 정도까지 손실을 받기도 한다.

(2) 병 방제

① 경종적 방법

세균점무늬병의 감염을 최소화하기 위한 방법으로는 포장위생, 돌려짓기, 포장 주위의 잡초 제거 등 예방적인 방법이 우선이다.

② 살균제 처리

효과적인 방제 방법은 살균제를 처리하는 화학적 방제방법이다. 세균성점무늬병을 일으키는 병원균(*Xanthomonas campestris* pv. *vesicatoria* (Xcv))이 낮은 밀도일 때에는 스트렙토마이신이 효과적이었지만, 저항성 병원균이 출현하면서 방제효과가 저조해졌다. 구리를 함유한 화합물의 방제효과가 우수한 것으로 알려져 있어 감염종자의 종자소독과 구리제 등의 화합물을 주기적으로 살포하는 것이 효과적이다.

세균점무늬병 방제에 동일 계통 약제를 지속적으로 사용하면 약제저항성이 생겨 문제가 된다. 현재 농가에서는 세균점무늬병 방제효과를 높이기 위해서 사용기준량을 초과하고 횟수를 늘려 농약을 살포하는데, 효율적인 방제를 하려면 적기에 방제하는 것이 중요하다. 고추 세균점무늬병의 방제적기는 노지고추의 경우 병 발생정도가 16.3% 이하일 때인 것으로 조사되었다. 적기에 병을 방제하면 환경오염, 건강에 대한 위험성, 농약에 대한 저항성균 출현 등의 문제를 개선하고 농가 소득 증대를 도모할 수 있을 것이다.

③ 친환경 농자재의 사용

친환경농자재인 파인 오일과 수산화동을 4:1로 섞어서 처리하였을 때 발병엽률이 20.0%이며 방제효과가 76.1%로 우수하여, 고추 세균점무늬병 발생 피해를 경감하는 친환경적 방제기술로 사용할 수 있다.

④ 저항성 품종의 사용

세균점무늬병에 대한 저항성 품종의 육성이 활발하게 진행되고 있기 때문에 과민 반응형 저항성 유전자를 가진 고추 세균점무늬병 저항성 품종이 육성되어 농가현장으로 보급될 날이 멀지 않을 것으로 판단된다.

4 고추 풋마름병

(1) 병징과 병 진전

노지 재배에서 풋마름병은 7월부터 8월에 걸쳐 기온이 30℃ 이상의 고온일 때 시들음 증상을 나타내는 고추의 병이다. 병 발생 초기에는 새순이나 줄기 끝이 낮에는 시들고 저녁이나 구름 낀 날은 회복되다가 돌연 포기 전체의 잎이 아래로 처지면서 시드는 것이 특징이다. 하지만 시설재배에서는 연중 발생할 수 있다. 병원균은 뿌리로 침입하여 줄기의 물관부에서 증식한다. 병의 진전이 매우 느리게 나타날 경우, 줄기 밑동에서부터 위로 이어지는 갈변과 함몰이 나타나며 줄기의 한쪽 가지만 시들어 말라죽는 경우도 있다. 이 때 줄기를 칼로 깎아 보면 표피는 녹색으로 살아 있으나 도관부가 갈변해 있는 것을 볼 수 있다. 이런 경우 줄기를 얇게 잘라 물을 담은 투명한 컵에 넣고 흔들면 식물의 잘린 조직으로부터 세균이 물속으로 퍼져 나와 물이 부옇게 변하는 것을 볼 수 있다.

밭에서 병을 진단할 때 역병의 병징과 혼돈될 경우가 있다. 역병은 원줄기의 기부(밑동)와 뿌리가 썩는데 비하여, 풋마름병은 뿌리가 상하지는 않고, 줄기를 가로로 절단하여 관찰하면 유관속 조직이 갈변한 것을 확인할 수 있다. 또한 포장에서 병이 발생할 때, 역병의 경우에는 발생하는 양상이 골을 타고 확산되는데 비해서, 풋마름병은 포장 전체적으로 드문드문 나타난다. 풋마름병은 고온에서 많이 발생하는데, 지온이 25℃ 이상이 되면 발생이 증가한다. 병원균은 토양의 관개수를 타고 이동되며, 토양 중에서 2~3년 정도 생존이 가능하다.

(2) 병 방제

① 경종적 방법

병 발생이 계속되는 밭은 옥수수, 콩 등 가지과 이외의 작물로 3-4년간 돌려짓기하는 것이 바람직하다. 밭에서 풋마름병에 걸린 것이 발견되면 즉시 뽑아 버려야한다. 병든 고추를 제거할 때 흙이 옆으로 떨어지는 것을 방지해야 하며, 병든 식물만이 아니고 좌우로 몇 주 정도는 같이 제거하는 것이 좋다. 저항성 대목을 사용하면 풋마름병의 발생을 많이 줄일 수 있다.

② 녹비작물 재배

녹비작물을 가을에 파종하고 봄에 갈아 고추를 심게 되면 풋마름병의 발생을 줄일 수 있다. 풋마름병의 발병주율이 30~80% 일 때, 녹비작물을 재배하면 발병주율이 4.7%까지 떨어지는 효과를 얻을 수 있었다. 녹비작물로는 호밀이 가장 좋으나 초기 생육이 늦기 때문에 헤어리베치와 1:1 또는 2:1로 섞어서 뿌리는 것이 좋다.

표 7-4 녹비작물 재배에 따른 고추 풋마름병 발생 경감

녹비작물 처리구	풋마름병 발병주율(%)			
	2009년	2010년	2011년	
			7월 4일	7월 18일
호밀+헤어리베치 (2 : 1)	0.0	0.0	0.7	2.0
호밀+헤어리베치 (1 : 2)	0.0	0.0	2.7	4.7
호밀	0.0	0.0	0.0	0.7
헤어리베치	1.1	3.3	0.7	0.7
호밀+헤어리베치 (1 : 1)	0.0	0.0	0.0	0.7
관행구	30.5	36.7	43.3	82.6

※ 파종량(호밀 13kg/10a, 헤어리베치 3kg/10a)

〈헤어리베치 처리구〉   〈관행구〉

〈그림 7-7〉 녹비작물 재배에 따른 고추 풋마름병 발생 경감

③ 살균제 사용

풋마름병 방제를 위해 등록된 살균제는 다조멧 입제뿐이다. 다조멧 입제는 고추를 정식하기 최소한 4주 전에 토양에 섞어주어야

하는데, 가능한 정식할 때까지 충분한 시간을 가져서 약해가 발생
하지 않도록 주의해야 한다.

⑤ 고추 바이러스병

전 세계적으로 고추 등 가지과 작물에 병을 일으키는 바이러스는
약 60여 종이 알려져 있고 국내에 고추에 피해를 주는 바이러스는
10여 종이 알려져 있다.

국내에서 고추를 침입하는 바이러스로서는 오이 모자이크바이
러스(Cucumber mosaic virus; CMV), 잠두 위조바이러스(Broad
bean wilt virus 2; BBWV2), 고추 모틀바이러스(Pepper mottle
virus; PepMoV), 토마토 반점위조바이러스(Tomato spotted
wilt virus; TSWV), 고추 연한모틀바이러스(Pepper mild mottle
virus; PMMoV), 담배 연녹모자이크바이러스(Tobacco mild green
mosaic virus; TMGMV) 등 6종이 알려져 있다. 전자현미경을 가
지고 바이러스 형태를 관찰해 보면, CMV, BBWV2, TSWV는 구형,
PMMoV, TMGMV는 막대모양, PepMoV는 실 모양의 바이러스 입
자를 관찰할 수 있다. CMV, BBWV2, PepMoV 등은 진딧물이 옮
기고 TSWV는 꽃노랑총채벌레가 옮기며 PMMoV와 TMGMV는 종
자 혹은 접촉을 통해서 감염되는 것으로 알려져 있다.

(1) 바이러스의 병징 및 진단

고추가 바이러스에 감염되면 육안으로 확인할 수 있는 형태적인

변화가 잎, 잎맥, 열매 등에 나타나는데, 색이 변하거나 생육이 이상해지기도 한다. 색의 변화로는 잎의 초록색이 연하게 되는 퇴록, 노란색으로 변하는 황화, 세포와 조직이 죽으면서 검게 변하는 괴저 등이 나타나며, TSWV와 같은 바이러스는 잎에 노란 원형 반점이 2중 이상으로 형성되는 복합 원형 반점을 나타내기도 한다. 색의 변화뿐만 아니라 생육이 이상해지는 경우도 있다. 잎의 크기가 작아지며 잎과 가지가 뭉쳐나는 경우도 있다. 잎의 모양이 기형으로 변화되기도 하고, 고추 생육이 저하되는 위축 현상도 볼 수가 있다.

〈엽맥 퇴록〉　　〈잎의 변색 증상〉　　〈열매 괴저 증상〉

〈복합 원형반점〉　　〈잎이 작아진 기형〉

〈그림 7-8〉 고추 바이러스 피해 증상

바이러스의 병징은 바이러스의 종류, 2종 이상의 바이러스 감염 여부, 고추 품종, 환경 등에 의해 달라지기 때문에 병징을 보고 감염된 바이러스의 종류를 알아내기 어렵다. 더구나 생리장해와 비슷한 병징을 보이는 경우도 있어서, 감염된 바이러스를 정확하게 진단하는 것이 중요하다.

바이러스를 진단하는 방법에는 육안으로 병징을 진단하는 방법, 지표식물을 이용하는 방법, 전자현미경을 이용하는 방법, 항혈청을 이용하는 방법, 바이러스의 유전자를 검사하는 방법 등 여러 가지가 있다. 고추 밭에서 나타난 병징을 관찰하여 진단하는 방법은 특별한 장비가 필요 없기 때문에 쉽게 진단할 수 있지만 많은 경험이 있어야 하며 정확한 진단 결과를 얻기에 한계가 있다. 지표식물을 이용하는 방법은 바이러스에 감염된 고추 조직의 즙액을 지표식물에 접종하고 나타나는 병징을 보고서 진단하는 것이다. 전자현미경을 이용하는 방법은 바이러스를 직접 관찰하는 방법으로서 전자현미경을 이용하는 숙련된 기술이 필요하다. 항혈청을 이용하는 방법은 항원 항체 반응을 이용하여 바이러스에 대해 작용하는 항체를 만들어 진단에 이용하는 것으로, 항체를 만들거나 구입하여야 하며 경우에 따라서는 고가의 장비가 필요하다. 이런 어려움을 해결하기 위해 농촌진흥청 국립원예특작과학원에서는 비전문가라도 일정 수준의 진단을 할 수 있도록 진단 키트를 만들어 보급하였다. 바이러스병을 잘 방제하기 위해서는 특징적인 병징을 익히고 육안으로 진단을 할 수 있는 경험을 갖추는 것이 중요하며, 더불어 전문

가들의 도움을 얻어 정확한 진단을 한다면 바이러스병의 방제에 도움이 된다.

(2) 바이러스의 감염 및 병 발생

고추에 바이러스병을 일으키는 6종의 바이러스는 고추에 단독 혹은 복합적으로 감염한다. 해에 따라 바이러스의 감염률이 달라져서, 2002년에 53.3%로 가장 높았던 CMV는 2006년에 11.9%로 감소한 반면에, BBWV2는 1.3%에서 58.1%로 증가하였다. 또한 PepMoV와 PMMoV는 각각 22.2%에서 0.6%로, 19.1%에서 5.6%로 감소하였다. 단독 감염과 복합 감염의 비율을 비교해 보면, 단독 감염은 72.4%에서 37.1%로 감소한 반면, 복합 감염은 25.1%에서 54.1%로 증가하였다. 2014년 경북 청송 지역을 대상으로 조사한 결과를 보면, CMV가 모든 시기에서 80% 이상으로 가장 많이 검출되었고, 다음으로는 BBWV2가 많이 검출되었다. 진딧물이 옮기는 이 두 종류의 바이러스는 모든 생육기에 가장 많이 검출되어 생육 후기에는 두 종류 모두 80% 이상 검출되었다. PepMoV도 진딧물이 옮기는데 생육 초기에 20% 내외이었다가 생육 후기가 되면서 50% 이상 검출되었다. 반면 생육 초기 20~30% 정도 검출되던 PMMoV는 8월 이후 생육 후기에는 10% 미만으로 감소하였다. 특이하게 중요한 바이러스로 보고되지 않은 PVY가 거의 검출되지 않다가 7월 중순 이후 생육 중기부터 10% 이상 검출되었다. 꽃노랑총채벌레가 옮기는 TSWV는 경북 청송 지역에서는

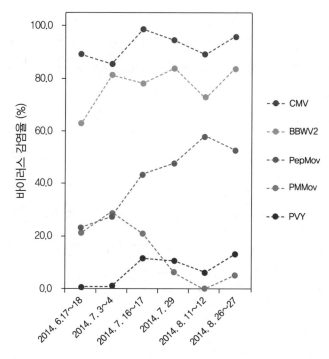

〈그림 7-9〉 고추 재배시기에 따른 바이러스 검출률(2014년 경북 청송)

검출되지 않았다.

이 결과를 종합하면 청송 지역의 바이러스는 대부분 진딧물이 옮기며 종자나 접촉을 통해 감염되는 PMMoV는 초기에 20~30% 검출되다가 후기에는 매우 낮은 비율로 검출되었다.

같은 지역에서 바이러스에 감염된 식물이 하나의 바이러스에 감염되었는지 여러 바이러스에 감염되었는지 조사한 결과, 평균 80% 이상이 복합 감염되었으며 생육 초기에는 70% 정도였으나 시간이 지나면서 90%로 증가하였다.

(3) 바이러스병의 방제

바이러스병은 한번 감염되면 치료가 되지 않으므로 바이러스에 강한 품종을 선정하여 재배하여야 한다. 지역에 따라서 차이는 있겠지만, 진딧물의 방제도 바이러스 방제에 매우 중요하다. 진딧물은 본밭뿐 아니라 육묘 기간에 철저히 방제하여야 한다. 꽃노랑총채벌레가 옮기는 TSWV도 밭에서 나타나기 시작하여 피해지역이 점점 늘어나고 있으므로 진딧물과 더불어 총채벌레의 방제에도 주의를 기울여야 할 것이다. PMMoV는 검출률이 감소하는 추세이지만, 종자 또는 접촉을 통해서 옮겨지는 바이러스이므로 밭에서 바이러스 병징이 보이는 식물과 잔재를 제거해야 한다.

6 기타 병해

(1) 모잘록병

주로 육묘상에서 발생하기 쉽다. 토양에 사는 병원균(*Pythium* spp. 과 *Rhizoctonia solani*)이 파종한 종자에 감염되면 입모율이 떨어지거나, 유묘의 땅가 부분 줄기가 잘록해지면서 쓰러져 죽는다. 모잘록병은 육묘기간 중에 과습하게 관리될 경우 많이 나타나며, 상토로 사용한 흙이 병원균에 오염되어 있을 경우에 발생한다. 병발생을 예방하려면 육묘 기간에 토양이 과습하지 않도록 물 관리를 하고 가능하면 전문 제조 상토를 이용하여 육묘하는 것이 바람직하다. 발생이 염려되거나, 병이 발생하였다면 등록된 살균제를 처리하여야 한다. 모잘록병에 사용하는 살균제는 병원균인 *Pythium* spp.와 *Rhizoctonia solani*에 모두 효과가 있는 두 종류의 살균제를 합하여 만든 혼합제를 사용한다.

(2) 흰별무늬병

야간 온도가 낮은 산간 지대의 고추 재배 지역에서 초여름부터 나타나기 시작한다. 8월과 9월에 심하게 발생할 경우에는 잎이 일찍 떨어지면서 수세가 약화되어 수량이 떨어질 수도 있다. 병 발생 초기에는 갈색 반점이 나타나다가 반점이 커지면서 가운데가 흰색이 되며, 크기는 1~2mm 정도의 작은 반점을 형성하고 반점 주변에 노란색의 무늬가 생기기도 한다.

이 병원균은 다른 병원균과는 달리 건조한 때에 발생이 잘되기 때문에 비가 많지 않은 해에 발생이 심한 경우가 있다. 방제를 위해서는 탄저병 방제용 살균제를 처리하면 좋은 효과를 얻을 수 있다.

〈그림 7-10〉 흰별무늬병이 발생한 고추 잎

(3) 갈색점무늬병

노지뿐만 아니라 시설 재배하는 곳에서도 발생하는 병이다. 낮 온도가 높고 밤에 온도가 떨어지면서 습도가 높은 시설재배지에서 많이 발생한다. 발병 초기에는 갈색의 작고 둥근 점무늬가 나타나고, 겹둥근무늬를 띠면서 계속 확대된다. 주변의 반점과 합쳐지면서 병반이 불규칙하게 되는데, 중심은 회백색이며 가장자리는 갈색을 띤다. 병반은 세균점무늬병이나 흰별무늬병의 병반보다는 크기가 크며, 보통 3~5mm 정도이지만, 그 이상으로 커지는 병반도 있다.

방제 약제로 아졸계, 스트로빌루린계, 예방 살균제 등이 등록되어 있는데, 예방 살균제는 발병 전부터 처리해야하며, 발병 직후에는 스트로빌루린계 살균제를, 발병이 진전된 후에는 아졸계 살균제를 처리하면 된다. 주의해야할 사항은 스트로빌루린계 살균제는 연달아서 2회 이상 사용하면 안 되며, 작기 중에도 2회 이상 사용하지 않도록 주의하는 것이 병원균의 저항성 관리를 위해서 필요하다.

(4) 흰비단병

기온이 높은 남부지방의 시설 재배지역에서부터 발생되기 시작하여 최근에는 경북의 청송과 같은 서늘한 산간지대에서도 발생하고 있다. 지상부가 시드는 현상은 역병 또는 풋마름병과 유사하나, 줄기 지제부에 회백색의 균사가 나타나며, 뽑아보면 뿌리에도 흰색의 균사가 형성되어 있는 것을 볼 수 있다. 병이 진행되면서 갈색 또

〈그림 7-11〉 흰비단병이 발생한 모습(좌)과 고추 뿌리의 흰색 균사(우)

는 황갈색인 일정한 크기의 동그란 균핵을 만들기도 한다. 한 번 발생하게 되면 그 피해가 점점 커질 수 있다. 병 방제는 등록되어 있는 다양한 살균제를 사용하는데, 정식 전에 토양에 섞거나 두둑에 뿌리고, 정식 직후에는 식물체 뿌리 부근에 처리하면 된다. 병이 발생하기 시작하면 주 당 100mL씩 토양 관주처리하면 된다.

(5) 흰가루병

시설 재배지에서 주로 발생하던 병이지만 최근에는 노지에서도 심하게 발생한다. 흰가루병은 고추 생산량에 직접적인 영향을 미치지 않기 때문에 방제에 소홀할 수 있지만, 심하게 발생할 경우 초세가 약해지면서 착과에 영향을 줄 수 있다. 잎 앞면의 녹색이 부분적으로 노랗게 변하면서 바로 뒷면에는 흰색의 가루가 나타나기 시작한다. 이 흰색 가루는 잎 뒷면의 기공을 빠져나온 포자경 끝에서 형성된 병원균의 포자로서, 바람에 쉽게 날리기 때문에 주변으로 빠르게 옮겨갈 수 있다.

〈그림 7-12〉 흰가루병이 발생한 고추 잎의 앞면과 뒷면

흰가루병은 노지재배에서는 고추 생육 후기인 8월과 9월에 심하게 발생하지만, 시설재배의 경우에는 3월 하순부터 4월에 걸쳐서 발생한다. 습한 조건보다는 발병한 뒤부터는 약간 건조한 조건에서 발생이 심하다. 바람에 날려 병원균이 옮겨지기 때문에 병이 발생하기 전부터 혹은 병 발생 직후부터 지속적으로 살균제를 처리하는 것이 필요하다.

친환경 재배를 하는 시설 내에서는 황을 사용하는 것도 좋은 효과를 얻을 수 있다. 황을 사용할 때에는 작물에 대한 약해와 비닐과 부직포를 부식시킬 위험성 등을 충분히 감안하고 사용하여야 한다. 최근 농촌진흥청에서는 흰가루병의 친환경 방제를 위해서 난황유를 개발하여 활용하고 있다. 난황유는 유채기름이나 해바라기유와 같은 식용유에 계란 노른자를 유화시킨 현탁액으로 농가에서 직접 제조하여 사용할 수 있으며 흰가루병 방제에 우수한 효과가 있다.

(6) 잿빛곰팡이병

노지에서는 거의 문제가 되지 않지만, 시설 재배에서는 큰 문제가 되는 병 중의 하나이다. 시설 내부의 습도가 높은 경우에 발생이 많아지는데, 재배시기가 저온기이기 때문에 시설하우스의 창을 열어 습도를 조절하는 것은 매우 어렵다. 너무 배게 심거나, 비료를 많이 주거나, 물을 많이 줄 경우 발생이 많아진다. 시설 내부의 습도가 높아지기 시작하면, 살균제를 발병 전에 처리하는 것이 좋다. 만약 발병 전에 살균제의 처리시기를 놓쳤다면 발병 직후부터라도 지속적으로 처리하면서 관리하여야 피해를 줄일 수 있다. 중요한 것은 병원균이 살균제에 대해서 저항성을 획득하여 방제가 어려운 지역이 있기 때문에 살균제를 고를 때에는 전문가에게 도움을 받는 것이 필요하다.

2. 고추의 충해

　고추 등 채소류의 재배는 노지, 비가림, 시설 등 재배환경이 다양하게 변화되었고 그에 따른 해충의 발생생태가 달라져 그에 따라 방제 전략도 달리하는 것이 필요하다. 고추 등 채소류를 가해하는 해충은 50여 종이 알려져 있지만, 이들 모두가 매년 문제되지는 않으나 일단 발생하면 직간접적으로 피해를 입게 된다. 해충에 대한 방제는 작물이 피해를 입기 전에 해야 하는데, 현대적 의미의 해충방제 전략은 경제적 손실을 최소화하는데 있다.

1 목화진딧물(*Aphis gossypii* : Cotton aphid, Melon aphid)

(1) 발생생태

　겨울 기주인 무궁화나무에서 알로 월동하여 4월에 부화한다. 무궁화나무에서 1~2세대를 지낸 후, 5월에 여름 기주인 고추로 이동하여 세대를 되풀이한다. 연간 9~23세대 발생한다.

(2) 피해증상

　흡즙에 의한 시들음과 배설물인 감로(honeydew)로 인한 그을음병을 유발하며 각종 바이러스를 매개한다.

〈그림 7-13〉 목화진딧물의 겨울기주 무궁화나무와 여름기주 고추 가해

(3) 방제법

- 밀도가 높을 때는 진딧물 전용 약제로 방제한다.
- 세대기간이 짧고 번식률이 높아 다른 해충에 비해 약제 저항성 이 잘 발달하므로 동일계통 약제를 연용하지 않도록 한다. 예를 들어, 코니도에 저항성이 생겨서 효과가 떨어진다면 같은 계열의 살충제 보다는 다른 계열의 살충제를 처리하는 것이 효과적일 수 있다.
- 천적으로는 시판되고 있는 콜레마니진디벌이 있으며, 그 외 무당벌레, 꽃등에, 풀잠자리 등이 있다.

2 복숭아혹진딧물(*Myzus persicae* : Green peach aphid)

(1) 발생생태

성충은 유시충(날개가 있음)과 무시충(날개 없음)이 있다. 무시충은 길이가 약 1.8mm로 연한 녹색과 연한 홍색의 두 형태가 발생한다. 겨울 기주인 복숭아나무에서 알로 월동하여 4월에 부화한다.

〈그림 7-14〉 복숭아혹진딧물의 성충, 약충(좌)과 고추의 피해

복숭아나무에서 1~2세대를 지낸 후, 5월에 여름기주인 고추로 이동하여 세대를 되풀이한다. 연간 9~23세대 발생한다.

(2) 피해증상

목화진딧물에 의한 피해증상과 비슷하다.

(3) 방제법

목화진딧물 방제에 준한다.

3 꽃노랑총채벌레(*Frankliniella occidentalis* : Western flower thrips)

(1) 발생생태

성충의 몸길이가 1.4~1.7mm로 연한 갈색을 띤다. 연간 12~15세대 발생한다. 암컷 성충은 식물 표면의 조직 속에 산란관을 찔러 산란한 뒤 분비물로 덮어두며 보통 한 마리가 20~170개의 알을 낳는다. 부화된 유충은 2령 경과 후 땅으로 떨어져 2회에 걸쳐 탈피, 번데기를 반복하다 성충이 되면 지상으로 올라와 식물체에서 다시 가해·산란한다.

(2) 피해증상

잎, 꽃, 열매를 흡즙하여 갈변, 낙화, 기형을 유발시키며 약충은 바이러스를 매개하여 경제적으로 막대한 손실을 준다.

(3) 방제법:

- 성충과 약충은 꽃봉오리나 꽃잎이 겹치는 부분에 숨는 습성이 있어 살충제로부터 피할 수 있기 때문에 약제방제의 어려움이 있다.
- 약제 저항성을 우려하여 여러 계통의 약제를 번갈아 살포한다.
- 천적으로는 애꽃노린재, 포식성 이리응애 등이 있다.

 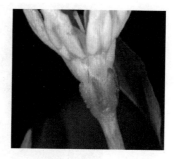

〈그림 7-15〉 꽃노랑총채벌레의 성충(좌)과 고추 꽃잎 피해(우)

4 오이총채벌레(*Thrips palmi* : Palm thrips)

(1) 발생생태

성충의 몸길이가 1.3mm로 담황색~등황색을 띤다. 꽃노랑총채벌레보다 약간 작고 노란색이 짙으며, 앞가슴에 긴 자모가 없어 구별된다. 1993년에 일본 수출용 꽈리고추를 재배하던 제주도의 시설하우스에서 처음 확인되었다. 노지에서 연 11세대, 온실에서 20세대 정도 발생한다. 성충은 식물체의 꽃받침, 잎맥, 엽육 등의 조직 내에 약 100개의 알을 낱개로 낳는다. 부화유충은 2령 경과 후 땅으로 떨어져 2회에 걸쳐 탈피, 번데기를 반복하다 성충이 되면 지상으로 올라와 식물체에서 다시 가해·산란한다.

(2) 피해증상

약충과 성충은 순, 꽃, 잎, 열매 등에 흡즙하여, 잎에 엽맥을 따라 긁힌 듯한 작은 반점이 나타나며 점차 잎이 뒤틀리고, 열매는 기형이 된다.

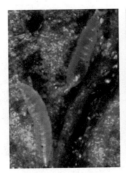

〈그림 7-16〉 오이총채벌레의 약충(좌)과 성충(우)

(3) 방제법

꽃노랑총채벌레의 방제법에 준한다.

5 담배가루이(*Bemisia tabaci* : Sweetpotato whitefly)

(1) 발생생태

성충이 날개를 접었을 때 온실가루이는 양 날개가 약간 포개져있는 삼각형 모양인 반면 담배가루이는 양 날개가 일자로 곧게 뻗어있다.

담배가루이는 34가지의 생태형(biotype)이 있다. 국내에서 담배가루이 biotype-B는 1998년 충북 진천군 장미재배지에서 처음 확인되었으며 biotype-Q는 2004년 경남과 전남지역 토마토 재배지와 2005년 고추류에 발생이 보고되었다.

(2) 피해증상

약충과 성충은 잎 뒷면에 기생·흡즙하여 온실가루이와 같은 피해증상을 유발한다. 100종 이상의 바이러스병을 매개하여 작물에 20~100%의 감수 피해를 일으킨다.

〈그림 7-17〉 담배가루이(좌)와 온실가루이(우)의 성충

〈그림 7-18〉 예찰 및 방제용 황색끈끈이트랩(김선국 원도)

(3) 방제법

- 방제가 어려운 해충이므로 살충특성(행동장애, 곤충성장 조절, 직접살충 등)이 다른 약제를 교호로 사용한다.
- 황색 끈끈이트랩을 이용하여 밀도를 예찰하고 약제처리를 통해 밀도를 낮춘다.
- 시판되고 있는 천적인 황온좀벌이나 온실가루이좀벌을 이용하는 생물적 방제법이 있다.

6 온실가루이(*Trialeurodes vaporariorum* : Greenhouse whitefly)

(1) 발생생태

성충의 몸길이는 1.4mm정도로 옅은 황색이고 표면이 흰 왁스로 덮여 있으며 날개는 반투명한 흰색이다. 시설재배지에서 연 10세대 이상 발생하며 증식력이 커서 짧은 기간에 대량발생 할 수 있다. 성충은 잎 뒷면에서 군집생활을 하고, 암컷 한 마리당 산란수는

〈그림 7-19〉 온실가루이 성충의 군집생활(좌)과 피해받은 잎(우)

100~300개이다. 부화 약충은 이동성이 있어서 적당한 장소를 탐색하여 구침을 꽂고 고착하며 2령 이후에는 다리가 퇴화되어 한 곳에 붙어서 흡즙한다.

(2) 피해증상

약충과 성충은 잎 뒷면에 붙어서 즙액을 빨아 먹기 때문에 잎이 퇴색되고 위조, 낙엽, 고사되기도 한다. 뿐만 아니라 가루이의 배설물(감로)로 인해 잎과 과실에 그을음병을 유발시켜 상품가치를 떨어뜨린다.

(3) 방제법

담배가루이 방제법에 준한다.

7 담배나방(*Heliocoverpa assulta* : Oriental tobacco budworm)
(1) 발생생태

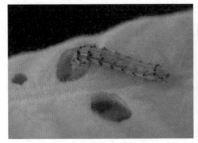

〈그림 7-20〉 담배나방 유충(좌)과 피해 받은 열매(우)

성충의 몸길이가 17mm이며, 연 3회 발생한다. 땅속에서 번데기로 월동하고 이듬해 6월경부터 우화하여 가해·산란을 하는데 알은 한 개씩, 총 300~400개를 낳는다. 1회 성충은 6월 중·하순, 2회와 3회 성충은 각각 7월 하순~8월 상순, 9월 상순에 가장 많이 발생한다.

(2) 피해증상

주로 과실 속에서 씨를 가해하므로 피해 입은 과실은 무름병에 걸리거나 부패하여 대부분 낙과한다. 유충은 한 마리가 평균 3~4 개의 과실을 가해하며 8~9월에 피해가 심하다.

(3) 방제법

- 부화유충이 과실 속으로 들어가기 전에 등록약제를 살포하는 것이 좋다.
- 알좀벌과 같은 알기생봉을 이용한 생물적 방제법과 성페로몬 을 이용하는 방법도 있다.

8 거세미나방 (*Agrotis segetum* : Cutworm, Turnip moth)

(1) 발생생태

성충의 날개 길이는 38~45mm로서 머리와 가슴이 황갈색이다. 연 2회 발생하며 땅속에서 유충으로 월동한다. 1회 발생은 6~7월이고 2회 발생은 8~9월이다. 산란은 잎 뒷면에 1개씩 낱개로 산란하고 부화 후 3령까지는 잎 뒷면을 가해하나 4령기 이후부터 낮에는 땅속 3~5cm 밑에 잠복해 있다가 밤에만 나타나 가해한다.

(2) 피해증상

고추의 어린 묘를 지표면 가까운 부분에서 자르고 그 일부를 땅속으로 끌어들여 먹는다.

(3) 방제법

피해받은 식물의 주변을 파보면 유충을 발견하여 제거할 수도 있으며 이식이나 정식할 때 뿌리 주위나 표토에 토양살충제를 처리한다.

9 차먼지응애 (*Polyphagotarsonemus latus*, broad mite)

(1) 발생생태

연 수회 이상 발생하며 죽은 잎이나 줄기의 틈에서 성충으로 집단을 이루어 월동한다. 알은 잎 뒷면에 점점이 산란하며 여름에는 약 1주일 만에 성충이 된다. 주로 어린잎의 뒷면에 모여 산다.

〈그림 7-21〉 차먼지응애 성충(좌)과 피해 받은 고추(우)

(2) 피해증상

생장점 부근의 어린잎에 많이 기생하는데, 생장조절제에 의한 이상, 생리장해, 또는 병징으로 오인되기도 한다. 피해를 받은 잎은 바이러스 증상처럼 위쪽으로 말리고 갈색의 광택을 띠며 위축된다. 심하면 생육이 정지되고 조직이 굳어져 단단해지며 기름 바른 듯이 광택이 나므로 플라스틱병이라고도 한다. 개화기에는 꽃봉오리에 기생하며 피해 받은 꽃봉오리는 갈변 고사하고 일부 개화한 꽃은 위축되거나 기형이 되며, 꽃잎이 변색되고 시든다. 피해과실은 표면에 코르크 증상이 생기기도 한다.

(3) 방제법

- 피해가 급속히 진전되므로 발생 초기에 응애약을 1~2회 살포한다.
- 오염되지 않은 건전한 묘를 사용하여야 하며, 포장 주위의 기주가 될 만한 잡초를 제거하여야 한다.
- 약제에 대한 감수성은 비교적 높으므로 발생초기에 적절한 약제를 살포한다면 방제가 어렵지 않다.

8장.
영양장애 및 생리장해
발생원인과 대책

---

1. 영양장애

1 질소(N)

(1) 생리적 기능

고추는 질소를 뿌리에서 주로 질산(NO_3^-)의 형태로 흡수한다. 엽록소의 중심성분이기 때문에 결핍되면 엽록소의 생성이 저해되어 잎이 노랗게 된다. 생육초기에 질소를 지나치게 많이 주면 잎과 줄기가 과번무하여 과실의 비대가 늦어진다.

(2) 질소부족

① 부족증상

질소 부족의 특징은 식물의 생장이 매우 나쁘고 잎이 적으며, 위의 잎이 극단적으로 작아진다. 식물체에 엽록체 생성이 잘 안되어 잎

〈그림 8-1〉 질소 부족 증상

이 밑에서 위를 향해 순차적으로 황백화(chlorosis)되며 결국 하얗게 되어 괴사(necrosis)하게 된다. 처음에는 잎맥 사이가 황화하고, 잎맥이 나타나 보인다. 황화는 점차적으로 잎 전체로 넓어진다. 철(Fe), 황(S), 칼슘(Ca)이 부족할 때 나타나는 황백화 현상은 질소결핍과 비슷하나 발생부위가 서로 다르다. 질소는 식물체내에서 이동이 빨라 늙은 잎에서 먼저 나타나고 Fe, S, Ca 등은 이동이 느려 새로 난 잎에서부터 먼저 나타난다. 잎은 생육이 정지되고, 위의 잎은 작아지지만, 황화되지는 않는다. 착과수가 적어지고 비대도 불량해진다. 과실은 짧고 두꺼워지며 담록색이 된다.

② 진단요령

잎의 황화가 위의 잎에서 시작되는지 아래 잎에서 시작되는지를 잘 본다. 질소결핍증은 반드시 아래 잎에서 시작되며 일반적으로 줄기가 가늘어진다. 아래 잎의 황화가 잎 끝에 나타난 것(칼륨결핍)인지, 잎맥 부분에 녹색이 남아 있는지(마그네슘결핍) 확인한다. 토양 EC 값이 높을 때는 질소결핍으로 보기 어렵다. 잎이 외측으로 말리면서 황화되는 것은 다른 원소가 부족할 가능성이 크고, 시드는 경우는 질소 결핍 이외의 원인을 찾아본다.

③ 발생하기 쉬운 조건

보통 질소 부족은 생육 도중에 비료 부족이 원인이 되어 발생한다. 유기질 자재(퇴비 등)의 사용량이 적고, 토양 속의 질소함유량이 낮은 경우에 발생하기 쉽다. 작물을 재배하기 전에 볏짚, 미숙구비 등 탄소질소율(炭窒率)이 높은 유기물을 다량 사용하면 그 유기물 분해를 위해 미생물이 토양질소를 이용하기 때문에 작물이 질소를 이용할 수 없게 되어 일시적인 질소 부족증상이 발생되는 경우가 있다. 노지재배에서는 강우가 많고, 질소의 용탈이 많은 경우에 발생하기 쉽다. 사토~사양토와 같이 양이온 교환용량이 작고 부식함량이 적은 토양에서는 비가 자주 내려 질소성분의 용탈이 많은 경우에도 쉽게 발생한다.

④ 대책

응급 대책으로는 요소 0.5%를 일주일 간격으로 몇 차례 잎에 살포하거나 알맞은 양의 질소 비료를 물에 녹여 준다. 모래땅과 같은 질소가 유실되기 쉬운 경우는 시비 횟수를 늘려서 비료 이용률을 높인다. 토양에 줄 경우 암모니아태 질소는 토양 표면에 흡착되어 뿌리로는 바로 흡수되지 않으므로 질산태질소가 바람직하다. 볏짚을 많이 넣을 때는 질소기아를 막기 위해서 질소비료를 증시하여 준다. 저온기에는 질산태 질소비료를 주는 것이 좋다. 완숙 퇴비 등을 넣어 지력(地力)을 높이는 것도 필요하다.

(3) 질소 과잉

① 증상

질소가 과잉 흡수되면 잎 색은 대개 암녹색으로 되고 지나치게 번무하며 연약하게 웃자라고 착과가 잘 안되며 품질이 나빠진다. 질소가 너무 많으면 칼슘 흡수가 억제되므로 칼슘 결핍증이 유발된다.

② 발생하기 쉬운 조건

질소 비료를 많이 주거나 하우스 등에서 토양 중에 많이 남아있는 경우에 발생한다. 이 밖에 관개수의 질소 농도가 높은 경우에 발생하기 쉽다

③ 진단요령

잎 색깔이 짙은 녹색을 띠는지 확인하고 줄기의 이상신장 상태를 관찰한다. 시비량을 확인하는 것이 중요하다

④ 대책

물이 잘 빠지는 곳에서는 관수량을 많게 하여 질소의 유실을 유도한다. 재배 중에 질산태질소가 집적되어 염류농도가 높아지면 대책을 강구할 수 없으나 관수를 자주하여 염류 농도가 상승하는 것을 막고 당분 액을 엽면 살포하여 뿌리의 즙액농도를 높이는 것이 필요하다.

2 인산 (P)

(1) 생리적 기능

인은 생체 내에서 핵산, 핵단백, 인지질 등의 구성 성분이 된다. 생체 내에서는 이동이 쉬워 생장이 왕성한 부위에 집중된다. 생육초기일수록 많이 필요로 하고 식물체의 신장, 개화, 결실에 있어서도 중요한 역할을 한다. 인산

〈그림 8-2〉 인산 부족 증상

의 흡수는 온도에 의해 좌우되는데, 저온에서는 흡수가 극도로 저하되지만 주는 양을 늘리면 흡수 저하를 방지할 수 있다

(2) 인산 부족

① 부족 증상

일반적으로 녹색을 띤 상태에서 생장이 멈추고 아래 잎이 노랗게 되는 질소 결핍증만큼 선명하지는 않다. 비교적 어린 시기에 잎이 짙은 녹색이 되어 연화하고 왜화한다. 과실의 성숙이 눈에 띠게 지연된다. 생육초기(특히 육묘기) 저온에 발생하기 쉽고, 생육이 불량하고 잎의 소형화, 연화, 짙은 녹색화가 특징이다. 결핍이 진행하면 하위 잎이 고사(枯死)되고 낙엽이 보인다. 생육이 불량해지고, 심한 경우에는 새로운 잎의 크기가 작아지고 굳어지며, 농록색을 띤다. 늙은

잎의 잎맥과 잎맥 사이의 조직 양쪽에 큰 수침상의 반점이 생겼다가 갈색으로 변한다.

② 진단요령

저온에서 인산 흡수가 어렵기 때문에 쉽게 발생한다. 생육 초기는 잎색이 짙은 녹색을 나타내지만, 후기에는 갈색반점이 생긴다. 인산이 충분하더라도 극도의 저온이 되면 생육지연, 잎 색의 이상을 일으킨다. 질소 결핍은 전체적으로 잎 색깔이 연해지지만 인 결핍은 선단 잎의 녹색이 진하게 남아 있는 경우가 많다. 토양의 pH나 인산 함량을 측정하여 진단한다.

③ 발생하기 쉬운 조건

화산회토나 인산이 매우 적은 야산 개간지 토양에서 나타나기 쉽다. 지온에 따라서 흡수가 좌우되는데, 저온에서 흡수는 눈에 띄게 적어진다. 퇴비 및 인산 사용량이 적을 때 발생한다. 육묘상토에서 산 흙 등을 사용하고, 충분한 인산을 사용하지 않은 때에 발생한다. 상토의 인산 함량이 적은 경우, 알루미늄을 다량 포함한 화산회토(火山灰土)나 철, 알루미늄이 활성화되어 있는 산성 토양에서는 인산이 알루미늄이나 철과 결합되어 인산 흡수가 낮아져 결핍증이 발생한다.

④ 대책

응급 대책으로 제1인산칼륨 0.3%를 몇 차례 잎에 살포한다. 배양액에 인산칼슘($Ca(H_2PO_4)_2$) 또는 제1인산암모늄($NH_4H_2PO_4$) 을 보충해 준다. 기본적으로는 산성 토양 개량 및 인산 함량을 높여 토양 산도를 개선한다. 퇴비를 충분히 시용하도록 한다.

(3) 인산 과잉

인 과잉 장애는 거의 발생하지 않지만, 최근 시설토양에서 인산 함유량이 높아짐에 따라 과잉 문제가 지적되고 있다. 유효태 인산 함량이 높은 곳에서는 길항작용에 의한 고토(Mg)나 철(Fe) 결핍증이 발생하는 경우가 있다. 과잉된 인산을 감소시키는 방법은 없는데 작물이 없을 때 깊게 갈거나 논으로 되돌리기, 옥수수와 같은 녹비 작물을 윤작하여 토양 중 인산을 줄여 준다.

3 칼륨(K)

(1) 생리적 기능

작물체에는 K^+ 이온의 형태로 흡수되어 광합성과 탄수화물 합성에 도움을 준다. 칼륨은 생체 내에서 주로 이온 상태로 존재하며 세포의 삼투압, 단백질 합성, 당의 전류에 관여한다. 체내에서는 이동하기 쉬운 원소이며 생장이 왕성한 뿌리나 줄기의 생장점에 많이 축적되어 있고, 오래된 잎에는 적다.

(2) 칼륨 부족

① 증상

생육 초기는 잎 끝이 희미하게 황화되거나 진전되면서 잎맥 사이가 황화된다. 생육 중·후기에는 중위 엽 부근에 동일한 증상이 나타

〈그림 8-3〉 칼륨 부족 증상

나 잎 가장자리가 고사 한다. 질소, 인 결핍 증상과 마찬가지로 아
랫 잎이나 떡잎에서부터 증상이 나타난다. 마디 사이가 짧고 잎이
작아지며, 생육이 불량해진다. 잎에 부정형의 흰 반점 혹은 갈색 반
점이 생기는 경우가 있다. 또한, 칼륨이 생육 초기부터 결핍되면 잎
이 밖으로 말리고 생육이 나빠진다.

② 진단요령

증상이 발생한 잎의 위치가 중·하위 엽이면 칼륨결핍의 가능성이
있다. 생육 초기 저온기에는 가스장해 증상과도 비슷하다. 같은 증
상이 상위 엽에 발생한 경우는 칼슘 결핍의 가능성이 있다. 생육 후
기에 발생한 경우에는 시비량이 적정했는지를 조사한다.

③ 발생하기 쉬운 조건

사토 등과 같이 토양 중 칼륨 함량이 낮은 경우, 퇴비 등 유기질
자재의 사용량과 칼륨의 시비량이 적어 공급량이 흡수량을 따라가
지 못하는 경우, 저지온, 저일조, 과습 등으로 칼륨의 흡수가 저해

당하였을 경우, 질소를 과용하여 칼륨 흡수가 저해되었을 경우, 토양 중의 칼륨이 결핍된 경우, 칼륨이 적당해도 석회나 마그네슘이 토양 속에 다량 존재하면 칼륨 흡수가 억제되어 결핍증이 유발된다. 또한 칼륨은 질소와 마찬가지로 토양에서 유실되기 쉬우므로 부식 함량이 적은 사질 토양에서는 결핍증이 발생하기 쉽다.

④ 대책

황산칼륨(K_2SO_4) 2%용액을 잎에 살포하거나 배양액에 황산칼륨을 보충해 준다. 칼륨비료를 충분히 주고, 특히 생육 중~후기에 비절 되지 않도록 추비를 실시한다. 퇴비 등 유기질 자재를 충분히 사용한다. 결핍증이 발생할 염려가 있을 때에는 칼륨비료를 5~7kg/10a 추비한다. 추비를 할 때 산성토양일 경우 웃거름으로 염화칼륨을 주고 중성이면 황산칼륨을 약하게 자주 사용한다.

(3) 칼륨 과잉

작물에 직접적인 칼륨 과잉 증상은 거의 발생하지 않는다. 칼륨 과잉 흡수는 칼슘이나 마그네슘의 흡수를 억제하여 이들의 결핍을 유발시킨다. 퇴비 등의 유기자재를 다량 시용하여 칼륨이 축적되어 발생한다. 인산과 마찬가지로 작물이 없을 때 대책을 강구할 수밖에 없으며, 추비로 칼륨을 포함하지 않은 비료를 이용하여 점차 줄어드는 것을 기다린다.

4 칼슘(Ca)

(1) 생리적 기능

체내에서 이행이 잘 되지 않는 성분으로 오래된 잎에 많이 흡수되어 있어도 뿌리에서 공급이 충분하지 않으면 새잎에 결핍증이 나타난다. 칼슘결핍이 되면 뿌리 발육이 불량하게 되어 맨 끝부분이 말라죽는 경우가 있다. 칼슘의 흡수 및 이동은 수동적이라 Ca은 증산류를 따라서 상향 이동하므로 증산작용 강도에 따라 흡수량이 달라진다. 식물체 조직 중에서 존재하는 대부분의 Ca은 세포의 바깥부분과 액포 중에 함유되어 있으며 식물세포의 신장과 분열에 필요하고, 막 구조를 유지하며 세포내 물질을 보존한다.

(2) 칼슘 부족

① 증상

열매의 측면에 약간 함몰된 흑갈색의 반점에 부패한 것 같이 나타나 상품성이 없어진다. 선단부에 가까운 어린잎의 가장자리부터 황화되기 시작하여 안쪽으로 펴져 나온다. 상위 엽이 약간 소형으로 되면서 외측 또는 내측으로 비틀어진다. 상위 엽의 잎맥 사이가 황

〈그림 8-4〉 칼슘 부족 증상

화하고 잎은 작아진다. 장기간 일조부족이나 저온이 계속된 후 맑은 날씨로 고온이 되었을 때 줄기 끝 생장점부근의 잎 가장자리가 황화되고 갈변 고사한다.

② 진단요령

생장점 부위와 그 부근 잎의 증상 관찰, 과일 등의 관찰, 질소·칼륨 등의 시용량 파악, 토양 건조 정도, 기온 또는 증산 정도를 조사한다. 생장점 부근의 잎이 황화 상태를 잘 관찰하여 황화가 잎맥과 관계가 없이 모자이크 상으로 되어 있으면 바이러스일 가능성이 크다. 같은 증상에서도 상위 엽은 건전하고 중위 엽에 나타나는 경우는 다른 요소결핍일 가능성이 크다. 생장점 부근의 위축은 붕소 결핍에서도 일어나지만 붕소 결핍의 경우에는 갑작스럽게 일제히 나타나는 것은 없다. 또한 붕소 결핍이 되면 과실에서 점액이 나오거나 잎이 비틀어지는 특징이 있다.

③ 발생하기 쉬운 조건

토양 중 Ca 함유량이 적어서 생기는 경우(칼슘부족 주원인)와 토양 중 칼슘 부족 때문에 토양의 pH 저하로 Mn 과잉에 의한 2차 장해(토양 pH저하)에 의해 발생한다. 해마다 충분한 석회질비료를 시비함에도 불구하고 석회부족 증상이 나타나는 경우는 다비(多肥)로 인한 토양농도의 증가 특히 질소, 칼륨, 마그네슘을 다량 시용하였을 경우 칼슘 흡수저해를 받기 때문이다. 이와 같은 원인은 온도가 높고 건조할 경우 저온다습으로 인해 뿌리의 활력이 저하된 경우, 공기 습도가 낮고 증산에 비해 물의 공급이 충분히 못할 경우,

습도가 낮고 고온이 지속되어 칼슘 흡수가 저해되는 경우에 쉽게 발생하다.

④ 대책

응급 대책으로는 염화칼슘 또는 인산 제1칼슘 0.3%액을 여러 번 살포한다. 또 토양이 건조하지 않도록 주의하고, 질소나 칼륨을 많이 사용하지 않도록 한다. 산성 토양이라면 고토석회 등 석회 자재를 사용하여 칼슘 함량을 높인다. 피해가 심한 경우 0.75~1.0%의 질산칼슘($Ca(No_3)_2 \cdot 4H_2O$) 용액을 잎에 살포하거나 0.4%의 염화칼슘($CaCl_2 \cdot 6H_2O$) 용액을 살포해도 좋다. 배양액에 질산칼슘을 보충하되 질소의 양을 추가하고 싶지 않을 때에는 염화칼슘이 좋다. 석회 사용과 동시에 심경하여 뿌리가 깊고 넓게 분포되도록 한다. 암모니아태 질소비료와 칼륨비료의 일시적인 과용을 피한다. 비료의 합리적 적량시비와 관수를 하여 건조하지 않게 하고 고온이 되지 않도록 한다. 습한 경우에는 배수를 잘하여 습해로 인한 뿌리기능 저하를 막는다.

(3) 칼슘 과잉

다량의 칼슘 흡수로 인하여 칼륨 혹은 마그네슘 결핍증이 유발되는 경우는 많지만 칼슘 그 자체의 과잉 장해는 거의 발생하지 않는다. 토양에 다량의 석회가 있으면 일반적으로 토양의 pH가 상승하고 철, 망간, 아연 등의 미량 요소가 불용화되기 때문에 이들 미량요소의 결핍증이 발생하기 쉽다.

1 생리적 낙과

(1) 증상과 특징

꽃봉오리가 노란색으로 변하면서 꼭지부분이 곪아 떨어진다.

(2) 발생원인

고추 포기에 달려있는 과실수와 토양 중의 비료 및 식물체의 영양
분의 과다 또는 부족, 고온, 건조 및 저온에 의한 꽃가루관 신장이
불량하여 수정이 이루어지지 않을 경우에 발생한다.

(3) 예방과 대책

지나친 저온 및 고온장해를 받지 않도록 보온 및 환기를 철저히

〈그림 8-5〉 불수정에 의한 낙화 및 낙과

하고 한해나 습해를 예방하고, 채광 통풍이 잘되도록 하여 광합성을 촉진시켜 주어야 한다. 또한 적당한 시비를 통한 양분의 과다, 부족이 생기지 않도록 관리한다.

2 석회결핍과(부패과)

(1) 증상과 특징

열매의 측면, 꼭지부분 또는 끝부분에 약간 함몰된 흑갈색의 반점이 부패한 것 같은 증상이 나타난다.

(2) 발생 원인

양분간의 경합으로 칼슘 흡수가 안 될 때, 여름철의 지나친 고온 및 건조 등으로 토양수분이 부족할 경우에 발생한다.

(3) 대책과 예방

〈그림 8-6〉 석회결핍과(부패과)

소석회를 10a당 100~120kg 정도를 밑거름으로 사용하고, 염화칼슘을 0.3~0.5%액으로 수 회 엽면시비, 적절한 시비 조절로 토양 중의 비료성분 간의 균형 유지, 적정한 관수로 토양수분을 일정하게 유지한다.

3 석과

(1) 증상 및 특징

과실이 짧고 둥근형으로 비대가 불량하고, 과의 표면이 매끄럽지 못하고 쭈글쭈글하다.

(2) 발생원인

개화 전후에 15℃ 이하의 저온이나 35℃ 이상의 고온장해, 토양중 질소 농

〈그림 8-7〉 석과

도가 높고 칼륨의 과다시용 등 비료가 많은 상태에서 석과 발생이 많고 일조부족, 다습조건에서 발생이 많아진다.

(3) 대책과 예방

보온 및 환기를 철저히 하여 생육에 알맞은 온도를 유지해 주고, 광합성에 의한 동화작용이 잘 되도록 햇빛을 많이 받게 하고, 바람이 잘 통하게 해준다. 또한 토양수분의 부족, 과다 현상이 나타나지 않도록 관리에 주의한다.

4 열과

(1) 증상과 특징

과실표면이 갈라져 과육이 노출되거나 과실표면에 가는 그물 같은 무늬가 생기고, 갈라진 쪽으로 굽어져 곡과로 된다.

(2) 발생원인

온도 및 토양수분의 급격한 변화, 직사광선 등으로 인한 과피와 과육부의 발달상 불균형에 의해 발생한다.

(3) 대책과 예방

토양에 퇴비를 많이 넣고 심경 및 심층시비로 토양의 보수, 보비력을 증대시킴과 동시에 뿌리의 분포를 깊고 넓게 하는 것이 중요하다. 멀칭을 하여 토양의 온도나 수분함량의 급변을 예방한다.

〈그림 8-8〉 열과

5 흑자색과

(1) 증상과 특징

정식 후 초기에 열매의 표면에 검은 색 또는 자주색이 일부 착색되는 것으로 이 증상이 생기면 상품성이 떨어진다.

(2) 발생원인

저온과 건조에 의해 식물체 내에 탄수화물이 다량으로 축적되거나 지온이 낮아 질소나 인산의 흡수가

〈그림 8-9〉 흑자색과

불량할 때 발생하는 생리적인 현상이다. 노지재배는 5월 상순 정식하면 비교적 건조하고 주간에는 고온, 야간에는 저온이 되므로 1~2번 과에서 많이 발생한다. 시설재배 할 때 틈새로 찬 공기가 들어와 닿는 과실에서 잘 발생하며 품종간의 차이도 있는 것으로 추정된다.

(3) 대책 및 유의사항

정식 후에는 충분히 물을 주어 건조하지 않도록 하고, 야간에는 저온이 되지 않도록 보온을 철저히 하며, 하우스 피복에 틈새가 생기지 않도록 한다. 노지 조숙재배 할 때 정식 후 터널을 설치하여 활착과 초기 생육을 촉진시켜 줌과 동시에 저온 피해를 받지 않도록

하고, 흑자색과의 과실이 발견되면 즉시 제거하여 다른 열매의 비대를 도와주는 것이 바람직하다.

6 일소과

(1) 증상과 특징

과실의 표면이 강한 햇빛을 받으면 과실 표면의 온도가 높아져서 타게 된다. 이러한 증상이 나타나면 2차적으로 세균이 전염되어 부패하고 낙과되는 증상이다.

〈그림 8-10〉 일소과

(2) 발생원인

착과된 과실에 수직보다는 수평으로 달려 있을 때 직사광선이 바로 닿게 되어 이러한 증상이 나타난다. 또한 병해충의 피해나 여러 가지 장해로 조기에 잎이 떨어지고 없을 때 과실이 직접 햇빛을 받으면 수분 증산이 많아져서 표면이 타게 된다. 이러한 증상은 피망 재배 시 많이 발생된다.

(3) 대책 및 유의사항

직사광선이 과실에 바로 닿지 않도록 최대한 잎을 확보하고, 고온과 건조를 막아준다. 피해과는 가능한 빨리 제거하여 2차적인 세균의 감염을 막도록 한다.

7 기형과

(1) 증상

고추가 상단으로 올라갈수록 짧아지고 쭈글쭈글해져 상품가치가 떨어지는 현상이다.

(2) 발생원인

대체로 후기에 생육이 불량해지거나 6~7월에 낙엽이 되는 괴저바이러스나 반점세균병에 걸리게 되는 경우에 광합성의 불량으로 영양공급이 부족하여 발생한다. 또한 생육후기에 비료성분이 떨어지거나 웃거름을 하지 못하였을 때 발생한다.

(3) 대책과 예방

품종에 따라서도 차이가 많지만 흡비력이 강한 품종에서 간혹 발생하는 경우가 있다. 따라서 고추의 상품성을 높이기 위해서는 건조하지 않도록 하고 양분이 부족하지 않도록 제 때에 웃거름을 충분히 주어야 한다.

9장.
부가가치 향상을 위한
고추 건조 및 가공기술

■1 고추 전처리 작업

(1) 후숙 처리

밭에서 수확한 고추는 수분이 84~87%이며 붉은 색소 성분인 캡산틴(capsanthin)의 함량은 높으나 불완전한 상태로 들어있다. 수확한 고추를 통풍이 잘되는 상온에서 2~3일 후숙하면 고추색소 함량을 나타내는 색상값(ASTA value)이 8~10% 증가하고 수분은 2~3% 감소하여 건고추의 품질이 크게 향상된다. 보통 수확할 때 비닐 또는 PP포대에 넣어 밭에서 농가로 옮기기 때문에 후숙할 때는 고추를 플라스틱 상자에 담거나 비닐하우스에 펼쳐서 통풍을 시키는 것이 좋다〈그림 9-1〉.

〈그림 9-1〉 고추 후숙작업

(2) 세척

수확된 고추는 흙 또는 먼지 등의 이물질이 고추 과피에 부착된 경우가 많아 건조작업 전에 반드시 세척을 하여야 한다. 대부분의 고추재배 농가는 고추 세척기를 가지고 있어서 수확한 고추를 세척하고 있다. 일반적으로 고추세척 작업은 농가용 고추 세척기로 1회 세척을 하지만 좀 더 위생적인 세척작업을 하려면 최소한 2회 세척하는 것이 좋다. 세척작업 전에 농산물 수확용 플라스틱 상자에 넣은 고추는 고압 노즐을 이용하여 상자에서 1차 세척하거나 플라스틱 세척조에 담가 1차 세척 작업을 하는 것이 좋다.

세척기를 이용한 2차 세척작업을 할 때는 투입하는 고추량을 고려하여 충분한 세척수 공급이 필요하다. 또한 세척 효과를 높이기 위해 차아염소산나트륨(NaClO), Baking powder, 오존수(O_3), 전해수 등을 세척조에 200~300ppm 정도 되게 넣어 세척하면 위생적인 홍고추 원료를 만들 수 있다. 국내 농가용 고추세척기의 종류는 〈그림 9-2〉와 같으며 고추 세척조 내에 3~6개의 세척 솔이 설치되어 있으며 처리용량은 시간당 1,000~1,200kg이다.

〈그림 9-2〉 농가용 고추 세척기

2 고추 건조

(1) 자연 건조

태양열을 이용한 고추의 자연건조는 고추뿐 아니라 다른 농산물 건조에도 널리 사용되는 건조방법이다. 태양열 건조는 일반 노지나 비닐하우스 안에 비닐 또는 천막 피복재를 깔고 고추를 건조하는 것과 비닐하우스 안에 지상에서 50~80cm 높이의 건조 작업대를 설치하여 건조하는 방법이 있다. 건조효율을 높이기 위해 비닐하우스 바닥에 단열재와 전열선, 그리고 환풍기를 설치하기도 한다〈그림 9-3〉.

태양열을 이용한 고추건조는 고추 수확시기인 8월 중순부터 9

월말까지 이루어지며 태양의 복사열이 고추표면에 흡수되어 낮 동안 건조온도가 최고 55℃까지 올라가 건조 성능이 높을 것으로 알고 있지만 실제로는 건조기간 동안 우천으로 인해 전체 일조량이 부족한 경우가 많다. 하루 건조 가능시간이 오전 11시에서 오후 4시까지 약 5시간밖에 되지 않으며 비닐하우스 내부 평균 온도도 40~50℃ 밖에 되지 않아 건조기간이 6~10일 소요된다.

또한 국내산 고추품종은 재래종과 비교하면 중·대과로서 과피가 두껍고 수분 이동이 어려운 왁스층으로 싸여있어 건조 효과가 낮고 건조기간이 길어 희아리와 부패과 등의 비상품 건고추가 10~15% 정도 발생한다.

태양열을 이용하여 자연 건조한 건고추는 태양초라고 불리며 과피 색상이 밝은 붉은 색을 띠고 건조과정 중 비타민 C가 많이 파괴되지 않아 900~1,000mg/100g의 함량을 유지하기 때문에 저장 시 고추의 품질변화를 억제시켜 저장성이 높다. 그러나 태양열 건조할 때 흙, 먼지 등의 이물질이 건고추 표면에 부착될 가능성이 있으므로 건조시설 주위의 환경을 청결하게 유지하여야 한다.

비닐하우스를 이용한 태양열 건조는 낮 동안 비닐하우스 내부의 공기습도가 70% 이상 되지 않도록 공기의 유동, 즉 통기성이 양호한 곳에 비닐하우스를 설치하는 것이 좋다.

태양초는 소비자의 기호도가 매우 높아 화건초보다 가격이 높으므로 일조량이 많은 곳에서는 고부가가치 건고추 생산 기술로 활용할 필요가 있다. 건조가 잘 되는 고추품종을 선택하고 최근 개발된

일반 비닐하우스　　　　　　　　　건조 작업대, 단열재, 환풍기

〈그림 9-3〉 고추 건조 비닐하우스

〈그림 9-4〉 자동 교반장치가 설치된 고추 건조 비닐하우스

건조 작업대나 자동 교반 장치가 설치된 고추 건조 비닐하우스〈그림 9-4)를 이용하면 쉽게 건조할 수 있다.

(2) 열풍 건조

현재 고추 주산지의 대부분 농가는 배치식 농산물 건조기(batch type dryer) 〈그림 9-5〉를 이용하여 홍고추를 열풍 건조하며, 전체 건고추의 90% 이상이 이 방법을 통해 건조된다. 한번 투입되는 홍고추의 양은 건조기의 크기에 따라 차이가 있으나 건조기 3.3㎡ 당 홍고추 600kg 정도이다. 건조기는 열원으로 석유버너를 사용하며 내부에 간단한 구조의 열교환기가 장치되어 있는 간접식 열교환 방식으로서 몇 개로 나눠진 건조대에 홍고추를 넣고 열풍을 순환시켜 고추를 건조한다. 7~8단의 건조대에 건조기 용량에 따라 40~80개 수확상자 분의 고추를 넣어 건조한다. 최근에 열원을 전기로 바꾼 전기식 고추 건조기〈그림 9-6〉가 보급되었는데 작동은 편리하지만 건조 용량이 적으며 국가적 에너지 관리 차원에서 과도한 전기에너지를 사용하는 문제가 있다.

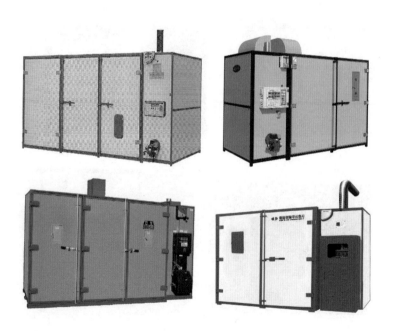

〈그림 9-5〉 고추를 열풍 건조할 수 있는 배치식 농산물 건조기

열풍건조는 태양열을 이용한 자연건조보다 건조시간이 짧으며 부패율과 희아리 발생률이 낮은 등 건고추의 품질 변화가 적다. 건조 방법은 홍고추를 넣은 다음 건조기의 배습구를 닫고 건조온도 65℃에서 5~6시간 건조한 후 배습구를 개방하여 상대습도가 80% 이상인 건조기의 공기를 30분~1시간 배출시킨다. 그런 다음 배습구를 30% 열고 건조온도 55~60℃로 12~14시간 건조한다. 이때 건조실의 위와 아래 선반에 넣은 고추의 건조속도에 차이가 있기 때문에 선반의 위치를 교환하는 것이 좋다. 고추는 건조온도 55℃ 이하에서 최종 수분함량이 15~16% 될 때까지 건조한다. 열풍건

〈그림 9-6〉 전기식 고추 건조기

조는 건조기의 처리용량, 홍고추 넣는 양, 건조온도 등에 따라 건조시간이 차이가 있지만 일반적으로 건조시간은 25~30시간 소요된다.

열풍건조를 하는 동안 고추가 60~65℃의 고온에서 10시간 이상 노출되면 고추의 유리당 성분이 산화되는 캐러멜화(caramelization) 반응을 일으켜 과피가 검붉은 색으로 변화되며 비타민 C가 거의 파괴된다. 이를 방지하려면 홍고추를 2~3등분 절단하여 건조시간을 6시간 이내로 하는 절단 건조 방법을 이용하여야 한다.

(3) 복합식 건조방법

복합식 고추건조는 열풍건조로 인한 건고추의 과도한 품질저하를 방지하고 태양열을 이용한 자연건조 방법을 병행함으로써 고품질 건고추를 생산하는 방법이다. 건조 초기에 60~65℃의 고온 열풍을 이용하여 홍고추를 5~6시간 건조한 후 고추를 비닐하우스로 이

〈그림 9-7〉 열풍건조기와 비닐하우스를 이용한 복합 고추건조 설비(괴산)

동하여 태양열을 이용한 자연 건조방법으로 5~7일 간 건조한다.

태양열을 전적으로 이용하는 자연 건조방법과는 달리 건조 초기에 고온 열풍을 이용하므로 생고추의 색소를 안정화시키고 자연건조 도중 발생하는 품질변화를 최소화 할 수 있어 색택이 우수한 고품질의 건고추 생산이 가능하다. 현재 고추시장에서 '태양초'로 불리는 색상이 좋고 과실이 원형상태로 있어 상품가치가 높은 건고추는 대부분 이러한 복합식 건조방법으로 생산되고 있다.

이 방법은 열풍건조방법보다 건고추의 색상과 품질이 좋으나 건조시간이 일주일 이상으로 길고 건조기간 동안 비닐하우스 내에서 고추원료 교반 등의 작업과 수집에 많은 노동력이 소요된다.

(4) 열풍 절단건조 방법

절단건조 방법은 홍고추를 수확하여 꼭지를 제거한 후 고추세척기로 세척한 다음 고추 절단장치로 길이 방향으로 3~4등분 절단하여 건조상자에 넣어 건조하는 것이다. 홍고추를 절단할 때 원

〈그림 9-8〉 홍고추 절단 장치 및 절단된 홍고추

통형 절단 칼날 장치〈그림 9-8〉를 사용하는데 칼날이 무디지 않고 날카로워야 건조과정에서 과피 절단부분의 탈색 현상이 발생하지 않는다.

절단한 고추를 열풍식 고추 건조기로 건조온도 60~65℃에서 6~8시간 건조하면 색상이 뛰어난 절단 건고추를 생산할 수 있다. 건조과정에서 절단 홍고추가 건조상자에서 다져지는 현상이 나타날 수 있으므로 초기 열풍 건조 3~4시간 후에 건조상자 안의 고추를 교반하고 건조기 위아래의 건조상자 위치를 바꾸어주면 건조시간이 단축되고 균일하게 건조된다. 건조상자 밑에 구멍을 뚫은 테플론 또는 실리콘 깔판을 깔면 건조한 고추를 쉽게 꺼낼 수 있고 건조상자도 깨끗하게 관리할 수 있다.

이렇게 건조한 고추는 과피색이 매우 우수하고 건조시간이 짧아 비타민 C 함량도 500~600mg/100g 정도를 유지해 화건고추가 0~50mg/100g 정도에 미치지 못하는 것에 비해 10배 이상 많아 건조 과정에서 영양성분 손실이 최소화된다.

〈그림 9-9〉 홍고추 절단 건조

(5) 건조 방법별 고추 품질 비교

앞에서 설명한 건조방법 별 건고추의 품질을 비교하면 (표 9-1) 과 같다. 태양열로 건조한 건고추는 색상이 매우 뛰어나고 비타민 C 함량이 높은 등 소비자의 기호도가 매우 높으나 건조기간이 7~10 일로 길고 손실률이 10~20%로 높으며 건조과정에서 흙, 먼지 등 의 이물질에 오염될 우려가 높다. 열풍건조 방법으로 건조된 고추는 60~65℃의 열풍에 10시간 이상 노출되어 비타민 C가 대부분 손실되 고 과피도 검붉은 색으로 변하여 품질이 낮아진다. 절단건조 방법은 건조기를 이용하여 건조하지만 55~65℃의 온도에 비교적 짧은 시간 경과하므로 건고추의 색상이 우수하고 비타민 C의 함량도 태양열 건조 고추의 70~80%를 유지한다. 한편, 건조 전에 고추 과실자루 (과경)를 미리 제거하므로 절단 건조한 고추는 고품질 청결 고춧가

표 9-1 건조방법별 고추 품질 특성

건고추 시료	건조 방법	건조 온도	건조 시간	품질 특성
	태양열 비닐 하우스	30~55℃	7~10일	• 색상 양호 • 비타민 C 보존 • 원료 손실율 10~20% • 흙, 먼지 이물질 오염 주의
	열풍 건조	55~65℃	24~30시간	• 현행 대표 고추건조 방법 • 과피 색상 변질 우려 • 비타민 C 파괴 • 고추 품질 저하
	절단 건조	50~65℃	6~8시간	• 과피 길이방향 3~4등분 절단 • 색상 우수 • 비타민 C 태양초 70~80 % • 고추꼭지제거

루 제품의 생산 원료로도 활용할 수 있다.

현재 건고추는 대부분 모양이 온전한 원형 상태로 유통되고 있지만 점차 거래되는 형태가 고춧가루 제품으로 전환되고 있다. 따라서 태양열 및 열풍건조보다 건조시간이 빠르고 상대적으로 과피의 색상이 뛰어나며 비타민 C 등의 영양성분 손실이 적은 절단건조 방법으로 건조방법을 바꾸는 것을 고려할 시기라고 생각된다.

3 고추종합처리장의 연속식 건조

국내 고추산업의 국제 경쟁력을 높이기 위해서는 고추 주산지의 재배농가에서 홍고추를 수집한 후 세척, 선별, 절단한 후 저온 열풍 건조 방법으로 신속하게 건조하여 고품질의 절단 건고추를 생산하고, 이를 첨단 분쇄공장에서 가공하여 고품질의 규격화된 청결 고춧가루 제품을 생산할 수 있는 고추종합처리장이 필요하다.

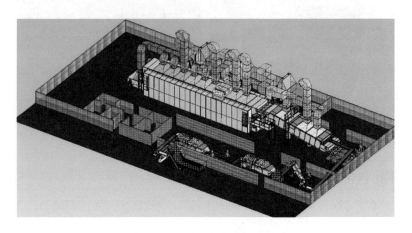

〈그림 9-10〉 고추종합처리장의 연속식 고추 건조 설비 개략도

고추종합처리장은 연간 건고추 생산량이 2,000톤 규모 이상 되는 고추 주산지에 설치되어 운영되고 있다. 고추종합처리장은 2004년도 농림부의 시범사업으로 경북 영양군과 안동시에 설치된 후 2015년 현재 전국 고추주산지 7개소(영양, 안동, 괴산, 봉화, 임실, 고창, 의성)에 설치 운영되고 있다.

(1) 홍고추 원료 투입구

생산농가에서 꼭지를 제거한 홍고추는 농산물 플라스틱 상자에 15kg 정도씩 적재되어 고추종합처리장에 입고된다. 홍고추는 품종별로 구분된 후 시간당 4톤 정도의 규모로 원료 투입구에 투입되면 수평 이송벨트와 상승 컨베이어 등의 원료 이송장치를 통해 1차 세척조로 이동된다.

〈그림 9-11〉 홍고추 원료 투입구

(2) 원료 세척조

홍고추는 1차 세척조에서 낙엽, 풀잎, 먼지, 돌 등의 이물질이 제거되고 원료 검사 및 선별 컨베이어로 이송되어 2~3명의 작업자가

〈그림 9-12〉 원료 1, 2차 세척조

미숙과, 병과 등을 선별한 후 2차 세척조로 이동된다. 세척조에는 원료 살균을 위해 차아염소산나트륨(NaClO), 오존수, 전해수 등을 150~200ppm의 농도로 넣는다.

(3) 고추 절단기

세척된 홍고추는 절단기에 투입되어 길이방향으로 2~3등분 절단된 후 예비건조기로 이동된다.

〈그림 9-13〉 고추 절단기

<그림 9-14> 예비 건조기

(4) 예비건조기

절단된 홍고추를 예비 건조기에 투입할 때 적재 두께가 10~15cm 정도 되도록 건조기 폭 전체에 균일하게 넣고 105℃의 온도에서 10~15분 간 건조한다.

(5) 주 건조기(연속식 5단 벨트 건조기)

예비건조기에서 1차 건조된 홍고추 원료는 5단 벨트로 이루어진

<그림 9-15> 연속식 5단 건조기

주 건조기로 공급된다. 건조는 65~75 ℃의 온도에서 3시간 정도 소요된다. 건조열원은 LPG 열교환장치에서 공급된다. 최종 건조된 고추의 품질은 수분함량 11~14%이며 과피 색상이 우수하고 매우 위생적이다.

(6) 원료 포장기

건조가 끝난 절단 건고추는 고추종자 분리장치와 원료 선별 컨베이어를 통하여 자동 계량장치로 공급되며 비닐포장에 10~15kg 단위로 자동 포장된다.

〈그림 9-16〉 원료 포장기

2. 가공

1 고추 분쇄

(1) 건고추의 분쇄 특성

고추는 소비자가 가루의 형태로 식품의 조미료로 이용하기 때문에 분쇄과정을 거치게 된다. 건고추 롤밀 분쇄장치는 롤러 표면에 일정한 간격으로 요철모양의 홈이 있는 홈 롤밀(grooved roll mill)과 미쇄 입자로 분쇄하는 표면이 평면인 평 롤밀(plain roll mill)로 구성된다.

건고추 분쇄성능에 영향을 주는 주요 인자는 롤밀의 재질, 표면 형상, 압축강도 등이다. 롤밀은 높은 압력으로 원료를 분쇄하므로 표면 압축강도가 높아야 하며 식품 안전성을 고려하여 마모율이 낮은 재질을 사용해야 한다. 현재 국내에서 사용되는 고추 분쇄 롤밀의 재질은 구상흑연(탁타일) 주철 또는 기계구조용 탄소강(S45C)으로 비교적 내마모성이 강하나 앞으로 일반 곡류제분기에 사용되는 고 내마모성의 칠드주물 재질로 개선되어야 한다.

국내산 건고추 원료는 크게 과피, 과실자루, 종자로 구분되며 이들 부위별 중량비는 각각 60~65, 8~10, 25~30%로 나타난다. 건고추 분쇄시 과실자루 부분은 제거하고 과피와 종자만을 사용하는데 종자를 전부 사용하면 고춧가루의 종자비율이 25% 이상으로 높아 색상과 유리당 성분의 품질이 크게 떨어지게 된다. 일반적으로 과실자루를 제거한 건고추 원료에서 종자를 50% 제거하고 분쇄하면 과피와 종자 비율이 9:1로 되어 색상과 유리당이 높은 고품질의 고춧가루 제품을 생산할 수 있다.

건고추를 분쇄할 때 원료의 수분함량이 매우 중요하다. 고추를 수확한 후 열풍 또는 태양열 건조방법을 통해 건조한 건고추의 평균 수분함량은 14~15% 정도이다. 고추분쇄에 적합한 건고추는 양념류 고춧가루의 경우 12~13%이며 미세 분말인 고추장의 경우 9~10% 정도이어야 한다. 건고추의 분쇄 적정 함수율을 맞추려면 열풍 건조기에 원료를 넣고 60℃에서 30분 간 건조하면 된다.

건고추의 과피와 종자는 압축강도 물성이 서로 다르기 때문에 강도가 높은 종자를 평롤밀을 사용하여 2~3회 정도 분쇄한 다음 조파쇄된 과피와 혼합하여 홈 롤밀로 6~8회 분쇄하면 고춧가루 제품을 제조할 수 있다.

(2) 소형 고추 분쇄 설비

현재 연간 건고추 생산량은 8~10만 톤 규모이며 이 중 30%가 대형 고추 분쇄공장에서 고춧가루 제품으로 생산하여 유통되며 70%는 건고추 상태로 소비자에게 공급되고 있다. 고추 재배농가에서 도시 소비자에게 직거래되는 물량은 연간 4만 톤 정도로 추정되며 이 중 60%인 2만4천 톤 정도가 고추 주산지의 소규모 고추 분쇄 시설 (고추 방앗간)에서 고춧가루로 분쇄되어 소비자에게 공급되고 있다.

소형 고추 분쇄설비는 대체로 건고추 원료를 조파쇄하는 과피와

고추과피종자 분리기

개방형 고추 롤밀 분쇄기

밀폐형 반자동화

고추 롤밀 분쇄기

〈그림 9-17〉 소형 고추분쇄 설비 종류

종자 분리기, 분쇄효율을 높이기 위한 과피 조파쇄기, 홈 롤밀 및 평
롤밀 형태의 고추 분쇄기, 분쇄과정에서 덩어리진 고춧가루 입자를
균일하게 하는 입도균질기, 롤밀 분쇄과정에서 발생하는 쇳가루 이
물질 제거 자석 선별기, 소형 제품 포장기 등으로 구성된다. 건고추
원료는 분쇄과정에서 미분이 많이 발생하고 분쇄설비에 고춧가루
잔유물이 남게 되므로 분쇄작업 후 이를 청결한 상태로 유지할 수
있어야 한다. 개방형 고추분쇄기는 분쇄작업 시 원료를 수작업으로
넣어야 하는 불편한 점이 있지만 작업후 청소가 쉽다. 반자동화 밀

폐형 고추분쇄기는 사용 시 내부 청소가 쉬운지 고려하여야 한다.

(3) 고춧가루 가공공장

국내 고춧가루 가공공장은 연간 생산량이 100톤 이상인 것이 약 40개 이며, 이중 생산자 단체인 농협 청결고춧가루 가공공장이 14개이다. 고춧가루 제품의 식품안전성을 고려하여 식품의약품안전처에서 관리하는 고춧가루 해썹(HACCP) 품질인증제도를 획득한 업체는 2013년 기준으로 약 90개소가 알려져 있다.

국내 고춧가루 가공공장의 고추 분쇄 공정은 공장에 따라 설비에 약간씩 차이가 있지만 크게 건고추 원료 투입, 이물질 선별 및 가습, 고추 과피 및 종자 분리, 종자 분쇄, 과피 및 종자 혼합 분쇄, 입도 선별, 자외선 살균, 자석식 쇳가루 이물질 제거, 제품 단위 포장, 제품 X-ray 검사, 제품 포장 등으로 이루어져 있다. 분쇄공정에서 고춧가루 이송을 스크루 컨베이어 방식을 쓰던 것을 공기이송방식으로 개선하여 고춧가루 미분이 이송 배관 및 분쇄기 내부에 잔류되지 않는 방식도 실용화되고 있다.

자외선 살균장치는 실제로 살균 효과가 매우 낮은 것으로 나타나, 세척 및 절단 건고추를 원료로 사용하고, 건고추 원료의 수분함량을 적정 수준으로 조절하는 등의 간접적인 방법으로 고춧가루 제품의 식품안전성을 높인다. 고춧가루 가공공장의 분쇄처리량은 하루에 1~3톤 규모이다. 〈그림 9-18〉은 국내 청결고춧가루 가공공장의 대표적인 고추분쇄 공정 및 설비를 나타낸 것이다.

절단 건고추 원료 투입

증기 가습 수분조절

원료 조파쇄 및 과피종자 분리

공기이송식 고추과피 및 종자 분쇄

자석식 쇳가루 이물질 제거

제품 자동 포장

제품 X-ray 검사

제품 박스 포장

〈그림 9-18〉 절단 건고추를 이용한 고춧가루 가공공장(영양고추유통공사, 2010)

2 고추를 이용한 식품

(1) 김치

김치는 배추 또는 무를 주원료로 한 우리 고유의 채소 발효식품으로 겨울철에 가정에서 직접 제조하는 김장 형태로 중요한 역할을 해왔다. 식품의약품안전청 식품공전(2010)에 김치류는 '배추 등 채소류를 주원료로 하여 절임, 양념 혼합공정을 거쳐 그대로 또는 발효시켜 가공한 것으로 김칫소, 배추김치 등을 말한다.'라고 정의되어 있다. 최근에는 약 50% 이상의 가정에서 김치를 담그지 않고 시장에서 구입하고 있다. 김치는 주재료를 기준으로 배추김치류, 무김치류, 오이김치류, 기타 채소김치류, 섞박지, 어패류김치, 육류 김치, 해조류 김치, 물김치류 등으로 그 종류가 200여 종이 넘는다.

국내 상품김치의 대부분을 차지하고 있는 배추김치는 고춧가루가 중요한 부재료로서 김치 품질의 큰 영향을 주기 때문에 김치제조공장에서는 품질 좋은 고춧가루 확보에 노력하고 있다. 〈그림 9-19〉와 같이 다양한 김치에 고추가 사용되고 건고추의 색이 김치의 붉은색의 정도를 결정한다.

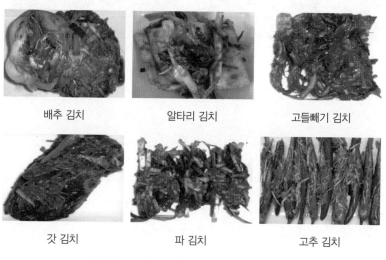

배추 김치   알타리 김치   고들빼기 김치

갓 김치   파 김치   고추 김치

〈그림 9-19〉 고추를 이용한 다양한 김치류

(2) 고추장

고추장은 고춧가루를 주원료로 하여 찹쌀과 메주가루 등을 섞어 만드는 한국의 전통음식이다. 전통 고추장의 경우 엿기름에 물을 넣어 잘 거른 후 맑은 물만 끓여 식힌 물에 고춧가루와 메주가루를 넣고 소금을 넣어 숙성시킨다. 엿기름물에 보리쌀가루, 찹쌀가루 등을 넣어 끓여 사용하기도 하고, 조청, 매실엑기스 등을 넣어 다양한 고추장을 제조하기도 한다. 반면에 공장에서 제조하는 고추장은 쌀에 종국을 접종시킨 제국과 여과된 소금물의 혼합물에 고춧가루와 메주가루를 넣어 숙성을 시킨 후 물엿, 당류 등을 넣고 살균, 냉각한 후 포장하는 공정으로 제조한다.

재료준비   혼합   고추장

〈그림 9-20〉 전통 고추장 제조

(3) 고추 드레싱

최근 웰빙(well-being) 트렌드의 영향으로 유기농 식품이나, 채소, 육류를 먹을 때 소스나 드레싱을 많이 사용하는데 이는 많은 양념을 사용하지 않아도 드레싱을 사용하면 음식의 맛을 살릴 수 있을 뿐만 아니라 손쉽게 구할 수 있어 다양한 식품에 활용되고 있다.

발효 고추 드레싱은 세척한 홍고추를 분쇄하여 소금을 넣고 자연 발효시켜 이를 원료로 하여 샐러드 드레싱을 제조한 것이다. 또 고추씨 드레싱은 고춧가루를 만들 때 부산물로 생기는 고추씨에 섬유 분해 효소를 넣어 조직이 부드럽게 되고 향미가 개선된 것을 원료로 하여 드레싱을 제조한 것으로 고추씨의 향미와 씹힘성이 있는 드레싱이 된다.

홍고추 원료	분쇄	발효
발효소스 원료	발효고추 드레싱 제조	포장

〈그림 9-21〉 발효 고추 및 고추씨를 이용한 드레싱

(4) 고춧가루

① 국내산 고춧가루

국민 일인당 연간 고추 소비량은 고춧가루 기준으로 1.8~2.0kg (건고추 기준 3.5~4.0kg)으로 세계에서 가장 많다. 특히 국내산

고추는 색상, 유리당, 신미성분이 잘 조화되어 있어 우리 식문화에 맛을 내는 주요 조미료로 자리 잡고 있다. 국내에서 생산되는 고춧가루의 품질 특성을 살펴보면 수분 12~13%, 색상 ASTA 값 100~120, 신미성분 20~50mg/100g, 유리당 18~20%로 세계적으로 매우 우수한 고추 조미료이다. 특히 유리당 성분은 5~8%인 해외 고추 조미료보다 평균 3배 이상 높아 김치, 고추장 등 발효식품을 만들 때 아주 적합하다.

고춧가루 포장단위는 대부분 500g, 1kg이며 소포장 100~300g, 대포장 3kg 등으로 구분된다. 고품질 고춧가루 매운맛은 순한맛, 보통맛, 매운맛 등 3등급으로 나뉘며 용도에 따라 김치용, 양념용, 고추장용등이 있다. 고춧가루의 평균 입도는 김치용은 12~15mesh, 양념용 18~20mesh, 고추장용은 30~35mesh로 구분된다. 〈그림

〈그림 9-22〉 국내 고추 주산지에서 생산되는 청결고춧가루 제품

9-22)는 고추주산지 청결고춧가루 가공공장에서 생산되는 고춧가루 제품이다.

② 해외 고추 조미료

세계 주요 고추조미료 시장을 보면 미국 3억 달러, 유럽 7억 달러, 일본 2억 달러 등이며, 대부분 고추 원료 생산이 부족하거나 재배환경이 부적합하여 중국, 남미, 인도, 중국, 스페인 등의 주요 생산국에서 건고추 원료를 수입하여 제품을 생산한다. 미국과 유럽에서 가공되는 고추 조미료의 품질은 수분 8~10%, 색상 ASTA 값이 90~100, 신미성분 6~60mg/100g, 유리당이 6~8%이다. 일인당 연간 고추 조미료 소비량이 50g으로 적기 때문에 포장 단위는 1~2온스(1온스는 28.35g)이며 용기는 대부분 소형 유리병 또는 플라스틱 용기이다. 〈그림 9-23〉은 미국 및 유럽의 고추 조미료 제품이다.

미국산   유럽산

〈그림 9-23〉 미국 및 유럽의 고추조미료 제품(2012)

10장.
돈이 되는 고추 경영과
유통기술

1. 고추경영

노지 건고추

1 **노지 건고추 수익성의 변화**

　노지 건고추는 해마다 수익성에 차이가 있지만 다른 밭작물과 비교해 보면 소득은 높다. 몇 년간의 건고추 수익성을 살펴보면 조수입, 경영비, 소득 모두 상승하고 있으나 조수입과 소득은 가격 변동에 따라 1~3년 주기로 달라지는 것을 알 수 있다. 노지에서 생산되는 건고추는 재배 면적, 기상 요인과 병해충 발생에 따라 생산량이 결정되고 그에 따라 가격이 달라진다. 고추는 다른 농산물과 같이 가격에 따른 소비량의 변화가 적어서 생산량이 일정한 수준 이상으로 증가하면 가격이 크게 하락하는 특징이 있다. 이러한 고추가격의 특성으로 인해 조수입은 연도 간 변동이 크게 나타난다. 예로서, 2011년과 2012년은 재배면적 감소와 더불어 주산지에 폭우가 내려 고추 수확량이 감소하였으며, 그에 따라 가격이 크게 올라 kg당 23천 원과 19천 원 수준으로 상승하였고 10a당 조수입은 4,200천 원을 초과하였다. 이는 가격이 낮았던 2010년의 10a당 조수입 2,452천 원보다 70% 이상 높은 것이었다. 그러나 종자·종묘비, 비료비, 농약비, 재료비, 고용노력비, 감가상각비 등 경영비는 해마다 큰 변동 없이 일정한 수준으로 증가하고 있다.

1991년부터 2014년까지 23년 동안 장기적인 추세를 보면, 노지 건고추 10a당 조수입은 해마다 101천 원 정도 증가하였고[1], 같은 기간 동안 10a당 경영비는 해마다 37천 원 정도 증가하여[2] 경영비 증가액보다 조수입 증가액이 많았다. 결과적으로 10a당 소득은 같은 기간 동안 해마다 64천 원 정도 증가하였다[3]. 건고추 소득이 증가추세를 보이는 것은 재배 농업인이 수입산 건고추와 차별화하기 위하여 직거래 및 고객관리 등 판매방법을 개선하고 고추 세척, 친환경 재배, 건조방법 개선 등 품질관리를 통해 수취가격을 높이려는 노력을 해 왔기 때문이다. 만약 고추를 생산하는 농업인이 자신의 소득이 이러한 소득증가 추세에 비하여 떨어진다면 재배기술 및 판매방법 등에 문제는 없는지 농가 스스로 점검해 보아야 할 것이며, 종자비, 비료비, 농약비, 고용노력비, 감가상각비, 제재료비

---

[1] $Yg=101.31Xg+974.29(R^2 = 0.757)$ Yg는 10a당 조수입, Xg는 연도
[2] $Ym=37.13Xm+133.43(R^2 = 0.938)$ Ym는 10a당 경영비, Xm는 연도
[3] $Yi=64.17Xi+840.86(R^2 = 0.583)$ Yi는 10a당 소득, Xi는 연도

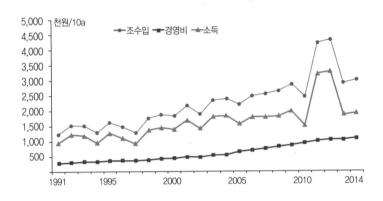

자료 : 통계청 KOSIS 데이터, 농산물생산비

〈그림 10-1〉 연도별 고추 10a당 수익성 추이

등 경영비를 인근의 선도농가와 비교해 보고 과다 지출하고 있는지
살펴보아야 할 것이다. 만일 농가 스스로 진단하기 어렵다면, 지역
에 있는 농업기술센터 등 농업경영 및 재배기술 전문 컨설턴트의 협
조를 받아 진단을 받고, 문제를 찾아 경영을 개선해야 한다〈그림
10-1〉.

2 투입비용의 변화

최근 5년 동안(2010~2014) 전국 평균 10a당 노지고추 경영비는
1,013천 원으로 나타났으며, 그 중에 고용노력비, 농약비, 비료비,
재료비 순으로 많았다. 이러한 비목은 개별농가의 경영기술 수준에
따라 차이가 있다. 이들 비용은 고추재배에 필요한 비용이지만 동
일한 고추 품질과 동일한 양의 고추를 생산하면서 절감할 수는 없

는지 전국 평균 또는 인근 선도농가와 비교해서 차이가 있는 요인을 분석하여 경영개선을 해 나가야 할 것이다. 특히 경영비 비중이 큰 비목을 감안하면 생력화 기술도입과 농약비 등의 비용절감 노력이 필요하다(표 10-1).

표 10-1 고추 10a당 경영비(2010~2014년 평균)　　　(단위 : 천 원/10a)

계	고용노력비	농약비	비료비	종묘비	재료비	토지임차료	광열동력비	감가상각비	기타비용
1,013	184	175	142	135	121	79	69	58	49
(100)	(18.1)	(17.3)	(14.0)	(13.4)	(12.0)	(7.8)	(6.9)	(5.8)	(4.8)

자료 : 통계청 KOSIS 데이터, 농산물생산비

　　노지 건고추 재배에 투입되는 각 경영비 비목이 농가별로 얼마나 차이가 있는지는 경영비를 절감하고자 할 때 중요한 정보이다. 농가가 투입하는 경영비 비목은 농가의 경영기술과 시설개선, 농기계 투입 수준의 차이로 인하여 발생하는데, 농가 간에 각 경영비 비목에 투입한 금액의 차이가 큰지 작은지를 알려면 변이계수4)를 산출하여 보면 알 수 있다. 산출한 변이계수 값이 크면 해당 경영비 비목에 투입한 비용이 농가 간에 차이가 많은 것이고, 그 값이 작으면 각 농가가 비슷한 정도의 비용을 지불한 것이다. 여기서 농가 간 경영기술 수준 차이가 커서 투입비용이 농가에 따라 차이가 크면 변이계수 값

---

4) 변이계수 =(최대값−최소값)÷평균값

이 클 것이기 때문에 해당 비목에 대한 투입액 절감을 계획할 수 있다. 2013년에 건고추 재배에 투입한 주요 비용의 농가 간 변이계수를 산출한 결과는 (표 10-2)와 같다. 자가노동비와 재료비는 변이계수가 3 이하로 다른 생산요소에 비하여 낮아 농가 간에 차이가 크지 않았고, 종묘비, 농약비, 토지임차료, 농구비, 비료비, 고용노동비는 4~10 정도로 상대적으로 농가 간에 차이가 큰 것으로 나타났다. 그리고 위탁영농비와 시설비는 변이계수가 10 이상으로 나타나 농가간에 차이가 매우 큰 것으로 파악된다.

새로운 경영기술을 도입하거나 기존의 기술을 개선할 때에는 그 요인이 비용 증가를 유발하는지, 아니면 수량 또는 품질을 향상시키는 요인인지 충분히 고려해야 한다. 지금까지 대부분의 농가가 이러한 것을 고려하지 않아서 새로 투입한 기술 요인이 매출액을 높이기보다는 오히려 비용을 증가시켜 수익성을 떨어뜨리는 경우도 많았다. 특히 시설비의 변이계수가 큰 것은 노지재배 농가와 비가림시설재배 농가의 시설비 투자 차이에 의한 것인데, 비가림재배는 단위당 생산량을 높일 수 있고, 병해충 발생량을 줄여 방제비용을 절감 시킬 수 있으며, 친환경 고추도 생산 할 수 있어 농가 수취가격을 높일 수 있다. 그러나 시설재배 관리 기술이 수반되지 않으면 오히려 비용을 증가시키는 대표적인 항목이다. 반면에 재료비와 자가노동비는 변이계수가 상대적으로 작아 고추 재배농가가 비용을 절감할 수 있는 기술이 많지 않음을 알 수 있다(표 10-2).

표 10-2 고추 투입 요소별 변이계수(2013년)

시설비	위탁 영농비	광열비	고용 노동비	비료비	농구비	토지 임차료	농약비	종묘비	재료비	자가 노동비
25.6	10.5	8.7	8.5	8.1	7.8	6.2	4.9	4.1	2.7	2.1

자료 : 통계청 MDSS 데이터, 2013년 농산물생산비자료

건고추 생산요소 별 비용의 증가 추세(1991년=1)를 보면 2014년 기준으로 가장 많이 증가한 투입요소 비용은 농약비와 시설비, 광열비 순이며, 1991년에 비해 5배 이상 증가하였다. 종묘비, 고용노동비, 재료비, 비료비는 같은 기간에 3배~4배 수준으로 증가하였고, 토지임차료와 농구비는 2.5배 이하로 증가하였다.

농약비는 지난 14년 동안 9배로 가장 많이 증가되었는데, 이는 농약가격의 상승과 더불어 기상이변에 의한 집중호우와 주산지의 연작재배에 따른 병해충 발생이 많아 투입량이 증가하였기 때문이다. 시설비가 증가한 것은 비가림 시설재배 면적이 증가하고 있기 때문이고, 광열비는 국제유가 상승으로 인한 가온 및 경운정지 작업에 필요한 유류비와 건조기에 사용하는 유류비 또는 전기료가 크게 상승하였기 때문이다.

종묘비는 지난 14년 전보다 4배 정도 증가하였는데 이는 종자 가격이 비싼 새로운 품종을 사용하는 농가가 증가하였고, 자가 육묘하던 농가가 묘를 구입하여 사용하는 면적이 늘었기 때문이다〈그림 10-2〉.

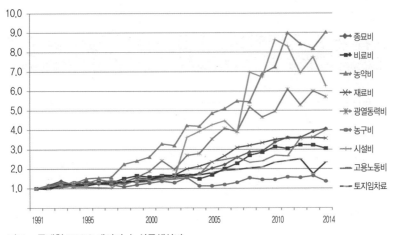

자료 : 통계청 KOSIS 데이터, 농산물생산비

〈그림 10-2〉 연도별 고추 투입비용 추이

3 대체작목과의 수익성 비교

비슷한 조건에서 어떤 농가는 작목선택을 잘 해서 안정적이고 높은 소득을 얻지만 다른 농가는 많은 시간과 노동력을 들이고도 농사를 망치는 경우도 있다. 작목을 선택할 때에는 농가의 경영기술 수준도 중요하지만 기후 및 토양조건도 중요하며, 인근에 같은 작목을 재배하는 생산자 조직이 있는지도 중요한 요인이 된다. 예를 들어 시설파프리카 소득이 아무리 높다하더라도 누구나 시설파프리카를 재배할 수 있는 것은 아니다. 시설파프리카를 재배하기 위해서는 기본적으로 파프리카를 재배할 수 있는 환경관리 및 착과관리, 양액 또는 토양관리기술을 보유하고 있어야 한다. 그리고 시설재배를 위해서는 시설 내에 환경관리 시설을 설치해야 하므로 초기시설

투자비가 많이 소요된다. 그리고 생산된 파프리카를 어디에 어떻게 판매할 것인가를 고민해야한다. 물론 전량 국내시장에 판매할 수 있겠지만, 높은 가격을 받기 위해서는 수출을 해야 하는데 선별과 포장은 어떻게 하고, 어떤 경로를 통하여 수출을 할 것인가 등 쉽지 않은 결정을 해야 하고 그 결정에 따른 책임도 본인이 져야한다. 이렇게 복잡한 작목선택에서 가장 중요한 것은 대상작목의 단위당 소득이다. 건고추는 1991~1995년도에 10a당 소득이 1,118천 원으로 다른 밭작물에 비하여 높았고, 2011~2013년에는 2,796천 원으로 2.5배 정도 상승하였다. 그리고 같은 밭작물 중 고구마, 노지수박, 풋옥수수 등 다른 밭작물보다 소득이 높다〈그림 10-3〉.

이러한 소득을 얻기 위하여 투입되는 비용을 보면 1991~1995년 건고추 평균 10a당 경영비는 897천 원으로 노지수박보다 적고, 고

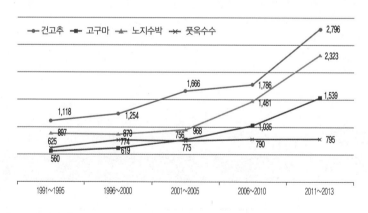

자료 : 건고추는 통계청 KOSIS 데이터의 농산물생산비 자료이며,
고구마, 노지수박, 풋옥수수는 농촌진흥청 농산물소득자료임

〈그림 10-3〉 연도별 건고추와 밭작물 소득(천 원/10a)

구마, 풋옥수수보다는 많다. 그러나 2011~2013년 평균 10a당 경영비를 보면 건고추는 1,020천 원으로 노지수박(1,285천 원)과 고구마(1,121천 원)보다 적었고, 풋옥수수 보다 많았다〈그림 10-4〉. 그렇다면 비용이 많이 들어가고, 소득이 낮은 노지수박과 고구마를 재배하는 농가는 작목선택을 잘 못한 것일까? 그렇지 않다. 건고추 주산지에서 노지수박과 고구마를 재배하면 판매하기가 여간 어렵지 않은 것처럼 노지수박과 고구마를 재배하는 지역에서 소득이 높다고 건고추를 재배하면 판매가 쉽지 않아 높은 소득을 올릴 수가 없다. 그 뿐만 아니라 건고추는 정식작업, 지주설치, 병해충방제, 수확작업 등 단위면적당 노동력이 많이 소요되므로 고용노동을 사용하지 않고는 많은 면적을 재배할 수 없다. 반면에 노지수박과 고구마, 풋옥수수는 건고추에 비하여 단위 면적당 노동시간이 적게 소요되어 대면적 재배가 가능하다(표 10-3). 그리고 연도간 가격변동이 건고추처럼 크지 않으므로 가격변동의 위험을 회피하고 안정적인 소득을 얻고자하는 농가는 건고추보다 노지수박과 고구마, 풋옥수수를 선택하여 재배하게된다.

표 10-3 고추 및 주요 밭작물 10a당 노동시간(2014년)

작목명	건고추	노지수박	고구마	풋옥수수
노동시간	160.7	134.1	70.1	47.5

자료 : 건고추는 통계청 KOSIS 데이터의 농산물생산비 자료이며,
　　　 고구마, 노지수박, 풋옥수수는 농촌진흥청 농산물소득자료임

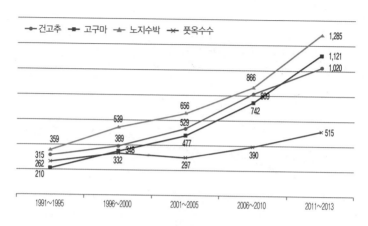

자료 : 건고추는 통계청 KOSIS 데이터의 농산물생산비 자료이며,
고구마, 노지수박, 풋옥수수는 농촌진흥청 농산물소득자료임

〈그림 10-4〉 연도별 건고추와 밭작물 경영비(천 원/10a)

시설고추

4 시설고추 수익성의 변화

시설고추의 연도별 수익성을 보면 조수입, 경영비, 소득 모두 상승하는 추세를 보이고 있다. 조수입과 소득은 연도간 변동이 있으나, 경영비는 상대적으로 변동이 크지 않고 상승하고 있다. 시설고추의 생산량이 증감하는 주 요인은 시설오이, 시설토마토, 시설호박 등 대체작목의 가격에 따라 재배면적이 변하기 때문이다.

1991년부터 2014년까지 시설고추의 10a당 조수입은 매년 585천 원 정도 증가하였고[5], 같은 기간 동안 10a당 경영비는 매년 384천 원[6] 정도 증가하여 경영비 증가액보다 조수입 증가액이 컸다. 결

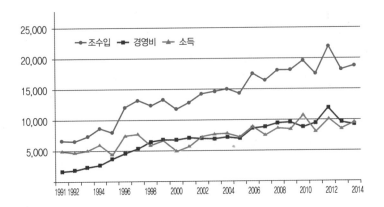

자료 : 농촌진흥청 농축산물소득자료, 각 연도.

〈그림 10-5〉 연도별 시설고추 10a당 수익성 추이

과적으로 10a당 소득은 같은 기간 동안 매년 211천 원[7] 정도 증가
한 것으로 나타났다. 이렇게 시설고추 소득이 오른 것은 소비자가
선호하는 품종(오이맛고추, 매운고추 등)을 재배하고, 외식문화가
활발하면서 부식채소 소비가 증가하였기 때문이다. 시설고추를 재
배하는 농업인은 이러한 소득증가 추세와 비교하여 소득이 낮다면
재배기술 및 판매방법에 문제는 없는지 농가 스스로 점검해야 한다.
그리고 투입되는 비용을 절감하기 위해서는 인근의 선도농가와 경영
비를 비교해 보고 어떤 비목이 과다 지출되는지 살펴보아야 할 것이

---

5) Yg = 584.51x+6712.9(R²=0.9062), 6) Ym= 373.77x+2102.8(R²=0.8979),

7) Yi= 210.74x+4610.1(R²=0.7112), Yg는 건고추 10a 당 조수입, Ym는 건고추 10a당
경영비, Yi는 건고추 10a당 소득, x는 연도임

다(그림 10-5).

최근 5년 동안(2010~2014) 시설고추 재배에 사용된 전국 평균 10a당 경영비는 9,787천 원으로 나타났으며, 경영비 중 투입된 비용이 많은 비목은 광열동력비, 감가상각비, 재료비, 고용노력비, 비료비, 농약비 순으로 많았다. 이러한 비목은 개별농가의 경영기술 수준에 따라 차이가 있을 수 있다. 비용은 시설고추재배에서 필요한 비용이지만 전국 평균 또는 인근 선도농가와 비교해 보고 차이가 발생하는 요인을 분석하여 경영개선을 해 나가야 할 것이다. 시설고추 재배에 투입되는 경영비 중 높은 비중을 차지하는 광열동력비 중 난방비는 시설고추 출하시기를 앞당길 수 있으므로 단순히 난방비를 줄이기보다, 에너지원을 대체하거나 보온시설 등을 설치하여 난방비를 절감하는 노력이 요구된다(표 10-4).

표 10-4 시설고추 10a당 경영비(2010~2014년 평균)　　　(단위 : 천 원/10a)

계	광열동력비	감가상각비	재료비	고용노력비	비료비	종묘비	농약비	임차료	기타비용
9,787	3,526	1,783	1,566	1,183	636	443	328	206	159
(100)	(36.0)	(17.8)	(16.0)	(12.1)	(6.5)	(4.5)	(3.4)	(2.1)	(1.6)

자료 : 농촌진흥청, 농축산물소득자료집 각년도.

시설고추 재배농가 간에 생산요소 비목별 비용이 얼마나 차이가 있는지 알아보기 위하여 변이계수를 산출 해본 결과, 종묘비는 3이하로 다른 생산요소에 비하여 농가 간에 차이가 크지 않은 것으로 나타났다. 그리고 비료비, 농약비, 광열동력비, 재료비, 시설감가상각비, 고용노력비는 3~5 미만으로 상대적으로 변동이 심한 것으로 나타났으며, 임차료, 대농구 상각비와 위탁영농비는 변이계수가 5 이상으로 농가 간의 변동이 매우 큰 것으로 나타났다. 변이계수 값이 큰 부분은 비용을 절감할 수 있는 요인이 크다는 것을 의미한다. 시설고추를 재배하는 농가는 이러한 비목에서 비용 절감 가능성이 있는지 검토할 필요가 있다(표 10-5).

표 10-5 시설고추 투입 요소별 변이계수(2014년)

종묘비	비료비	농약비	재료비	광열동력비	대농구상각비	시설상각비	고용노력비	임차료	위탁영농비
2.0	3.5	3.8	4.6	3.8	6.2	4.7	4.7	5.3	8.6

자료 : 농촌진흥청, 농축산물소득자료집 2014.

시설고추 생산요소 별 비용의 증가 추세(1991년=1)를 보면 2014년 기준으로 가장 많이 증가한 투입요소는 광열비이며, 연도간에 차이는 있으나 2012년도에는 국제유가가 배럴당 110달러 이상으로 상승하여 광열동력비가 39배 상승하였다가 2013년도에는 국제유가 하락과 에너지 절감노력 등으로 28배 정도로 하락하였다. 그 외 높게 상승한 비목은 종자비가 12배, 임차료 10배, 감가상각비가 8배 상승하였다(그림 10-6).

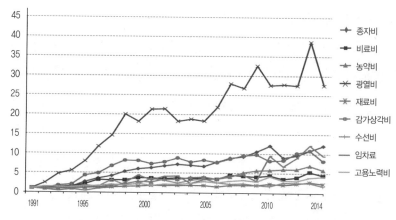

자료 : 농촌진흥청, 농축산물소득자료, 각년도.

〈그림 10-6〉 연도별 시설고추 투입비용 추이

5 고추재배농가의 경영개선

경영개선은 기본적으로 소득(순수익)을 높이기 위해서는 기술혁신과 규모확대로 생산량을 증대하고, 품질을 향상시켜 농가수취가격을 높여 조수입을 증대하는 것과 동시에 종자 또는 종묘, 비료, 농약을 비롯하여 토지와 농기계, 노동 등 생산요소를 효율적으로 결합하여 비용을 절감하는 방향으로 이루어져야 한다.

그러나 현실적으로 비용을 절감하기 위해 퇴비 사용량을 줄이면 수량이 감소하고, 품질이 떨어지는 등 생산량 증대, 품질향상, 비용절감 등이 서로 상반되는 경우가 대부분이다.

합리적인 경영개선이란, 이러한 상반된 상황에서 농가의 경영여건에 맞는 의사결정을 하고 이를 경영에 반영을 하는 것으로서, 농가는 경영여건에 따라서 각기 다른 의사결정을 하게 된다.

(1) 적정생산에 의한 경영개선

고추는 일정 수준의 수량 확보는 중요한 경영개선 과제이나, 수량과 가격이 상반되는 경우가 많으므로 수량증대를 위한 기술을 도입할 때는 품질 및 마케팅 문제를 동시에 고려하여, 농가수취가격을 높여야 한다.

노지 건고추 10a당 소득이 가장 높았던 10a당 수량은 400kg 이상으로 수량이 많을수록 소득이 증가하였다. 10a당 수량이 많을수록 kg당 가격은 떨어지지만 조수입은 증가하여 소득이 많은 것으로 나타났다(표 10-6).

단위면적당 수량을 증대하는 방안은 재식주수, 주당착과수, 수확기간의 측면에서 살펴볼 수 있다. 고추의 경우 다른 작물과는 달리 초기수량 확보를 위한 밀식재배를 할 경우 조기 수량증대의 효과는 있지만 수확 후기에는 밀식에 의한 병해충 증가로 수량이 떨어져 소득이 낮아지는 경우가 많으므로 조심해야한다. 주당착과수는 재식주수를 고려하여 적절한 목표수량을 설정하고 이를 확보하기 위해 지주설치 및 유인 작업을 실시하고, 이후 수확시기에 생육이 떨어지는 요인을 제거하기 위하여 시비, 관수, 병해충방제, 수세관리 등이 중요하다. 그리고 수확기간 연장을 위해서 인위적으로 관리할 수 있는 가장 중요한 기술은 비가림 시설을 설치하거나, 소형터널을 설치한다. 정식 후 초기와 수확후기의 저온피해를 방지하는 장점은 있으나, 병해충 방제를 철저히 하여 작물을 건강하게 관리해야 한다.

표 10-6 노지고추 10a당 수량 수준별 경영성과(2013년)   (단위: 천 원/10a)

구 분		100kg 미만	100~ 200kg	200~ 300kg	300~ 400kg	400kg 이상a)	평균
재배면적(㎡)		1,913	1,668	1,929	1,901	1,698	1,838
조수입	수량(kg)	77	161	243	344	448	260
	단가(원/kg)	12,879	11,453	10,929	11,938	10,185	11,194
	금액	997	1,845	2,661	4,101	4,566	2,910
경영비		759	941	963	1,146	1,403	1,033
소득		237	904	1,699	2,956	3,162	1,877

자료: 통계청. MDSS, 농산물생산비자료, 2013.

(2) 규모화에 의한 경영개선

노지 건고추는 규모가 0.3ha 미만에서 10a당 소득이 가장 높고 0.5~0.7ha 규모에서 소득이 가장 낮았다. 이는 규모가 클수록 자가노동으로는 집약적인 관리가 이루어질 수 없어서, 고용노동을 이용함으로써 노동의 효율을 높일 수 있는 관리기술이 필요하다. 경영비는 규모가 1ha 이상에서 가장 높았으며, 0.7ha~1ha 규모에서 가장 작은 것으로 나타났다.

건고추를 생산할 때 단위당 소득을 높이기 위해서는 가족농 중심의 0.3ha 미만의 소규모가 유리하나, 단위당 소득은 낮지만 고용노동이 충분한 지역에서는 규모를 확대하여 농가전체 소득을 높이는 것이 유리하다(표 10-7).

표 10-7 노지 건고추 경영규모별 노동시간 및 소득(2013년) (단위: 천 원/10a)

구 분		0.3ha 미만	0.3~0.5ha	0.5~0.7ha	0.7~1ha	1ha 이상	평균
재배면적(㎡)		769	1,138	1,780	2,572	4,765	1,838
조수입	수량(kg)	296	247	199	253	269	260
	단가(원/kg)	11,460	12,372	10,123	9,466	9,958	11,194
	금액	3,394	3,052	2,010	2,390	2,676	2,910
경영비		1,070	1,046	1,014	785	1,130	1,033
소득		2,324	2,006	996	1,605	1,547	1,877

자료: 통계청. MDSS, 농산물생산비자료. 2013.

(3) 수취가격제고에 의한 경영개선

노지고추의 수취가격수준별 경영성과를 보면, 수취가격이 높을수록 수량은 감소하지만 단위면적당 소득이 증가하고 있으며, 이는 수량증가보다 친환경재배 등 품질관리, 마케팅 능력에 따라 소득이 높음을 의미한다(표 10-8).

농가간 수취가격의 차이가 크게 나타나는데, 이를 좌우하는 요인은 품종, 품질, 판매시기, 상품성, 판로 등이다. 품종선택은 소비자기호에 적합한 품종과 내병성을 동시에 고려해야한다. 소비자의 건고추 기호도 조사결과에 따르면 맛이 좋아서(45%), 색깔이 좋아서(28.1%), 안전성(23.9%), 가격 및 기타요인이 있었다.

품질향상을 위해서는 농가 및 입지여건에 맞는 다양한 기술을 고려할 수 있다. 적절한 목표 수량과 이에 상응한 품종을 선택하고 병해충 적기방제, 세척 및 건조방법 개선, 선별 등을 통하여 품질관리를 하고, 생육단계에서는 적절한 관수 및 시비를 하여 고품질의 고추를 생산할 수 있다.

판매시기에 따른 가격 차이가 크므로, 판매시기를 조절하는 방법은 정식시기, 품종, 시설재배(터널재배 포함), 저장 등이 있다. 시설재배를 통한 조기출하로 수취 가격을 높일 수 있으나, 시설투자비와 수량성, 병해충 예방 등을 고려하면서 수량성 및 품질을 높여야할 것이다. 저장출하는 출하조절을 통한 가격안정기능이 있으나 저장기간이 긴 경우 수입 고추가격과 저장비용, 감모, 품질저하, 금융비 등을 고려하여야 한다.

표 10-8　노지 건고추 kg당 수취가격수준별 경영성과(2013년) (단위: 천 원/10a)

구 분		7천원/kg	7천원~1만원/kg	1만원~15천원/kg	15천원 이상/kg	평균
재배면적(㎡)		4,001	2,523	1,465	1,232	1,838
조수입	수량(kg)	243	282	249	253	260
	단가(원/kg)	6,418	8,789	11,926	16,439	11,213
	금액	1,556	2,508	2,980	4,222	2,910
경영비		765	1,025	1,056	993	1,033
소득		792	1,484	1,924	3,229	1,877

자료: 통계청. MDSS, 농산물생산비자료, 2013.

(4) 상품의 차별화

차별화의 가장 중요한 점은 맛과 색상의 일관성이며 재배와 건조과정에서 주로 결정되고, 품종의 선택, 기후 및 병해충의 피해를 최소화할 수 있는 재배시설과 건조방법의 개발, 일정한 거래 물량 확보를 위한 방안이 충족되어야 한다. 건조 전에 깨끗한 물로 세척하여야 하며, 분쇄했을 때 이물질 등이 포함되지 않도록 하고, 소비자가 원하는 포장은 건고추는 PE포장 등으로 1kg, 2kg, 3kg, 5kg, 10kg 등 다양한 포장단위로 소비자의 요구에 대응할 수 있어야 한다.

대규모 소비업체는 값싼 중국산을 구매하나, 가정소비자는 국내산의 양질의 건고추, 고춧가루를 소비하므로 고춧가루의 청결성과 위생수준은 상당기간 동안 품질 차별화의 원천이 될 수 있다. 건고추는 곡물이나 일반 채소에 비하여 친환경 재배로 전환하는데 어려움이 많아 친환경 고춧가루는 경쟁력이 있다.

(5) 비가림 재배를 통한 수량증대

물 빠짐이 좋은 논이나 경사가 완만한 밭에 비가림 시설를 설치하여 건고추를 재배하면 재배기간을 연장하여 단위당 생산량을 높이고, 병해충 발생빈도를 줄일 수 있어 재배면적이 확대되고 있는 추세이다. 비가림 시설재배 사례조사 결과를 이용하여 수익성을 비교해 보았다.[8] 우선 노지재배와 비가림 재배의 재배기간을 비교해

---

[8] 2014년 노지 재배와 비가림 재배 고추를 생산하고 있는 59개 시·군 113농가 조사자료를 분석하였음

보면 노지재배는 약 5개월 정도 수확하였으나 비가림 재배는 정식 시기가 1개월 정도 빠르고, 수확 시기도 1개월 정도 연장할 수 있어 7개월 정도 수확이 가능하여 노지재배보다 수확기간이 2개월 정도 길다. 비가림 재배시설은 시설환경을 제어하는 자동화 수준에 따라 차이가 있지만 평균적으로 10a당 약 1천8백만 원 정도의 시설투자비가 소요되었다. 비가림 재배는 건고추 생산량이 720kg으로 노지재배 447kg보다 57% 많았다. 출하하므로 가격이 높고, 시설 내에서 친환경재배도 가능하여 평균 수취가격이 노지보다 높아서 조수입은 69% 많았다. 비가림 재배에 지출한 비용은 종자비, 비료비, 농약비, 광열동력비, 재료비, 수리비, 시설 및 농기계 감가상각비, 수선비, 임차료, 고용노력비 등이 10a당 4,070천 원으로 노지재배 2,117천 원보다 75% 많았다. 특히 투입비용의 대부분이 노지재배보다 비가림 재배가 많지만, 비가림 시설내에서는 병해충 발생량이 노지재배보다 적어 농약비는 21% 적었다. 비가림 재배의 경우 소득은 10a당 6,028천 원으로 노지재배 3,873천 원보다 56% 많았다. 비가림 재배시 주의할 사항은 단위당 수확량이 많으므로 수확 노동력 확보 방안을 마련하고, 건조 방법에 따른 준비를 사전에 해야 하며, 고정된 시설에서 재배하므로 연작장해가 발생할 가능성이 높으므로 수확이 끝나면 토양소독을 어떤 방법으로 할 것인지 준비해야 한다.

표 10-9 노지재배와 비가림 재배 형태별 수익성 비교 　　(단위:원/10a)

구 분		노지재배 (A)	비기림재배 (B)	대비 (B/A)
재배면적(㎡)		2,662	1,999	0.75
수량(kg/10a)1)		447	720	1.57
조 수 입2)		5,989,679	10,098,060	1.69
경영비	종 자 비	224,468	307,254	1.37
	비 료 비	295,189	315,088	1.07
	농 약 비	363,216	286,399	0.79
	광열동력비	56,684	193,852	3.42
	재 료 비	388,184	484,748	1.25
	수 리 비	29,339	59,499	2.03
	감가상각비	143,154	1,600,760	11.18
	수 선 비	194,857	194,857	1.00
	임 차 료	47,501	109,674	2.31
	고용노력비	367,057	502,451	1.37
	기타비용	7,434	15,681	2.11
	계	2,117,083	4,070,263	1.92
소득		3,872,596	6,027,797	1.56
노동시간(시간)		325	373	1.15

주1) 건고추 수량은 홍고추 건조율 17.6%를 적용하여 건고추로 환산하였음
주2) 고추가격의 연간 심한 변동성을 감안하여 5개년('10~'14년) 평균 농가수취가격을 적용하여 조수입 환산

2. 유통개선

1 유통현황과 가격동향

(1) 유통현황

건고추 주산지 지역의 2013년 평균 유통경로별 비율은 생산자 농업인이 산지유통인에게 판매하는 비율이 47%로 가장 많고, 다음은 직거래 21%, 산지공판장 20%이며, 생산자단체를 통한 판매비율은 12%로 나타났다. 유통되는 건고추의 66%는 소비자에게 공급되며, 34%는 대량수요처에 공급되고 있다. 소비자가 건고추를 구매하는 경로별 구매비율은 소매상을 통한 구매비율이 34%로 가장 많고, 농업인과 직거래 비율은 21%이며, 생산자단체를 통하여 구매하는 비율이 10%로 나타났다. 그리고 대량수요처는 산지공판장을 통해서 구매하는 비율은 15%로 가장 많고, 다음은 산지유통인 13%, 도매상 4%, 생산자단체 2%로 나타났다〈그림 10-7〉.

건고추가 소비자에게 전달되는 유통경로는 〈그림 10-7〉에서 보는 바와 같이 다양하다. 가장 대표적인 유통경로는 생산자 → 산지유통인 → 도매시장 → 소매상 → 소비자에 이르는 유통경로이며, 농가수취율은 64.6%로 나타났으며, 유통비용비율은 35.4%로 나타났다. 농수산물유통공사 2013년도 조사 자료에 의하면 유통비용 비율이 고구마 59.7%, 콩 38.2%, 수박 34.3%로, 건고추 유통비용은 고구마와 콩보다는 적으나 수박보다는 높았고, 양념채

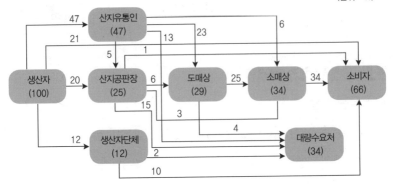

자료 : aT, 2013. 품목별유통실태 자료이며, 조사지역(안동, 제천, 정읍, 괴산, 해남) 평균임

〈그림 10-7〉 건고추 유통경로별 유통물량 비율(2013)

소인 양파 68.4%, 통마늘 39.9%보다는 적었다. 건고추 유통비용 중 운송비, 선별포장비, 상하차비 등 직접비용은 8.7%이며, 상점유지관리비, 인건비, 제세공과금 등 간접비는 13.9%이고, 유통종사자 이윤은 12.8%로 나타났다. 유통단계별 유통비용은 출하단계가 6.1%, 도매단계 12.6%, 소매단계는 16.7%로 소매단계의 유통비율이 높다. 건고추 주산지에서 서울로 유통될 때 지역별 유통비용 비율이 가장 높은 지역은 충북 제천과 괴산지역이며, 상대적으로 낮은 지역은 전북 정읍지역으로 나타났다(표 10-10).

표 10-10 건고추 지역별 유통비용(2013)

구 분		전체평균	안동 → 서울	제천 → 서울	정읍 → 서울	괴산 → 서울	해남 → 서울
농가수취율		64.6	63.0	62.0	68.5	62.0	67.1
유통비용		35.4	37.0	38.0	31.5	38.0	32.9
비용별	직접비	8.7	9.1	9.4	7.8	9.4	8.2
	간접비	13.9	13.7	13.6	14.4	13.6	14.2
	이윤	12.8	14.2	15.0	9.3	15.0	10.5
단계별	출하단계	6.1	6.5	6.3	5.4	6.3	5.6
	도매단계	12.6	13.1	13.9	10.8	13.9	11.8
	소매단계	16.7	17.4	17.8	15.3	17.8	15.5
가격	농가수취가격	6,498.3	5,980.0	5,584.0	7,880.0	5,580.0	7,380.0
	소비자가격	10,021.5	9,500.0	9,000.0	11,500.0	9,000.0	11,000.0

유통경로 : 생산자 → 산지유통인 → 도매상 → 소매상 → 소비자
자료 : aT, 2013. 품목별유통실태

건고추 포장단위는 산지의 농업인 또는 시장의 상인들에게 관행
적인 거래방식이 남아 있어 600g단위를 kg단위로 환산한 30kg 또
는 60kg 단위로 거래하는 경우가 많으나, 고춧가루는 kg단위의 포
장단위가 정착되어 0.5kg, 1kg, 2kg, 3kg, 5kg 등 다양한 단위로
거래되고 있다. 건고추 재배 농업인은 생산된 건고추를 PP 또는 PE
포대에 포장하여 판매할 때에 포장재 외부에 생산농가 현황과 건고
추 품질에 대하여 소비자가 인식할 수 있도록 표시할 필요가 있다.
개별 농가가 포장재를 디자인하여 제작하는 데는 한계가 있으므로
가능한 생산자 조직을 중심으로 공동으로 포장재를 제작하여 대량

으로 구매하는 것이 비용을 절감할 수 있다.

(2) 가격동향

건고추 가격은 수요와 공급에 의하여 결정되는데, 수요는 연도간 큰 변동이 없으나 공급량은 재배면적과 생산량의 증감에 따라 변동이 심하다. 지난 10년 동안 국내산 건고추의 kg당 가격은 화건과 양건 모두 매년 증가하다가 생산량이 크게 감소한 2011년과 2012년은 1만 원 이상으로 상승하였고, 재배면적이 증가하고, 생산량이 안정되면서 양건 건고추 가격은 9천5백 원 수준, 화건 건고추 가격은 7천9백 원 수준으로 다시 회복되었다. 국내산 건고추 가격이 연도간 가격변동이 심한 가운데 수입산 건고추 가격은 연도간 변동폭이 국내산보다 크지 않으며, 최근 10년 동안 가격은 5,145원에서 3,983원으로 하락하는 추세를 보이고 있다(표 10-11, 그림 10-8). 국내산 건고추가 수입산 건고추 가격보다 높은 것은 건고추의 단맛과 청결성 등이 우수하고, 상품에 대한 브랜드 이미지 가치가 높기 때문이다. 또한 국내산 건고추는 대부분 가정에서 김장용이나 양념용 고춧가루로 사용되는 반면에 수입산 건고추는 김치공장, 대중음식점, 고춧가루 가공식품공장 등 대량 소비처로 구분되어 있다. 건고추 소비처가 양분되어 있으므로 국내산 건고추와 수입산 고추는 시장에서 별도의 상품으로 차별화되어 공급량에 의한 서로의 가격에 크게 영향을 미치지 않는다. 건고추 가격의 차별화를 지속적으로 유지하기 위해서는 수입산 건고추와 품질, 원산지 표시, 포장방법 등을 개선해 나가야 할 것이다.

표 10-11 건고추 최근 10년간 도매가격(상품) 변이계수(2005~2014년)

구 분	국내산		수입산
	양건	화건	
변이계수	0.94	1.07	0.30

자료 : 가락동도매시장 건고추 및 수입산 고추 가격

〈그림 10-8〉 건고추 연도별 가격(원/상품, kg)

국내산 화건 중품 건고추 가격을 기준으로 건조방법에 의한 등급별 가격을 비교해 보면 국내산 양건 상품은 31% 높고, 중품은 16% 높으며, 화건 상품은 9% 높았으나 하품은 89% 수준으로 낮았다. 수입산 상품은 69%, 중품은 60%, 하품은 49% 수준으로 국내산 화건 중품보다 가격이 낮았다. 건고추는 동일한 국내산 상품이라도 건조방법에 따라 양건은 화건보다 21% 높았으며, 중품은 16%,

하품은 12% 높아 품질이 좋을수록 양건과 화건의 가격차이가 큰 것으로 나타났다. 고추는 건조 시간과 노동력이 많이 소요되지만 고추 육묘시설을 활용하거나 간이 PE온실을 설치하여 태양에 의한 건조방법을 도입하면 높은 값을 받을 수 있다(표 10-12).

표 10-12 건고추 최근 10년간 평균 도매가격(2005~2014년)

국산(양건)			국산(화건)			수입산		
상품	중품	하품	상품	중품	하품	상품	중품	하품
8,604	7,635	6,523	7,135	6,558	5,811	4,503	3,949	3,199
131	116	99	109	100	89	69	60	49

자료 : 가락동도매시장 건고추 및 수입산 고추 가격

최근 10년 평균 건고추 월별 kg당 상품 도매가격은 수요가 적은 6월이 가장 낮고, 건고추 수확시기인 7월부터 수요가 증가하면서 상승하기 시작하여 9월을 정점으로 공급량이 많아지면서 다시 하락하는 경향을 보이고 있다. 고추 재배농가는 가능한 건고추 가격이 높은 9월에 판매하는 것이 농가수취가격을 높일 수 있다. 그러나 국내산 건고추 가격이 어느 수준 이상으로 상승하면 중국산 건고추 수입량이 증가하여 국내산 건고추 가격이 하락할 수 있으므로 10월 이후 출하 할 경우에는 건고추 수입동향을 주시해야 한다〈그림 10-9〉.

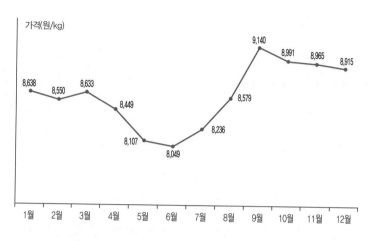

가격(원/kg)

9,140
8,991
8,965
8,915

8,638
8,550
8,633
8,449
8,107
8,049
8,236
8,579

1월 2월 3월 4월 5월 6월 7월 8월 9월 10월 11월 12월

자료 : 가락동도매시장 건고추 상품가격

〈그림 10-9〉 건고추 월별 10년 평균 kg당 가격(원/kg, 상품, 양건)

2 유통개선방안

(1) 유통비용 최소화

산지에서 고춧가루로 가공하면 부피가 감소하여 물류비용을 절감할 수 있고, 생산자와 소비자의 직거래를 통한 유통단계를 축소할 수도 있다. 유통비용에는 거래상대자를 찾는데 따르는 비용, 제품의 품질을 확인하는데 소요되는 비용, 구매물량 혹은 판매물량의 안정적인 확보에 소요되는 비용, 계약거래 시 계약의 이행에 소요되는 비용 등이 포함되어 있다. 따라서 정보 인프라 구축, 품질의 등급화와 규격화, 원료 성분의 표시, 품질 위반 거래자에 대한 적절한 규제를 통하여 이러한 유통비용을 절감할 수 있으며, 계약의 이행에 소요되는 비용을 줄이기 위해서는 계약거래방식에 대한 계약거래자

들의 이해와 계약을 준수하려는 노력이 필요하다.

(2) 새로운 시장 개척

새로운 시장 개척은 신세대와 같은 새로운 수요층을 겨냥한 제품(예를 들어, 어린이와 신세대를 겨냥한 덜 매운 맛과 높은 당도를 가진 고춧가루를 이용한 다양한 고추장)이나 소비자가 고춧가루를 구입할 때 매운 맛이나 당도에 대한 선택이 가능하도록 규격화 및 용도에 맞는 고춧가루를 가공하여 판매해야 한다. 일부 산지에서는 재배농민과 생협 등과의 직거래, 소도시 농민시장의 개설, 문화가 곁들인 태양초 마을 조성 등 틈새시장을 개척해 나가는 경우도 있다.

(3) 소비자 니즈 반영

① 고추 구매패턴의 변화

수도권 지역 소비자 패널을 대상으로 연간 평균 고추 구매금액을 조사한 결과 81,917원으로 나타났으며, 그 중 생고추[11] 28,322원, 고춧가루 31,777원, 고추가공식품[12] 15,045원, 건고추 6,773원 순으로 나타났다. 가구당 고추식품 구매빈도는 연간 14.1회이며, 생고추 12회, 고추가공식품 1.6회, 고춧가루 0.4회, 건고추 0.1회로

---

11) 생고추는 풋고추, 홍고추, 매운고추, 꽈리고추 등임
12) 고추가공식품은 조림고추, 고추부각, 고추장아찌, 고추장 등임

건고추 구매회수가 가장 낮았다. 1회당 고추식품 구매물량은 생고추 299g, 건고추 3,387g, 고춧가루 2,342g이며, 구매금액은 생고추 2,502원, 건고추 95,227원, 고춧가루 73,051원 순으로 나타났다.

고추식품의 구매가구 비율은 생고추는 전체가구의 96.9%가 구매하고 있으나, 고춧가루는 25.9%, 고추가공식품 12.4%, 건고추는 6.1%만 구매하는 것으로 나타났다. 2010년 이후 가구당 고추식품 구입액은 가격이 높았던 2012년에 106,714원으로 가장 높았고 2014년에는 64,908원으로 나타났는데, 이는 2012년 대비 39.2% 하락한 수준이다. 고추식품 소비량이 감소하는 주요 요인은 서양식 등의 대체식품 증가와 염장식품에 대한 부정적인 인식과 선호층이 크지 않기 때문인 것으로 추정된다〈그림 10-10〉.

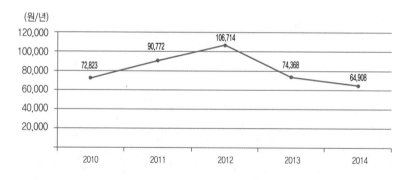

〈그림 10-10〉 연도별 가구당 고추식품 구매액추이

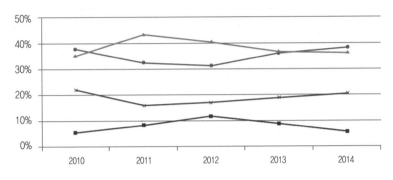

〈그림 10-11〉 연도별 가구당 고추식품 구매금액 비중 변화

고추 유형별 구매금액은 생고추와 고춧가루가 높지만, 그 실질 구매금액은 감소하고 있으며, 고춧가루와 건고추의 구매금액이 감소한다는 것은 가정에서 김장을 직접 하는 것보다 완성된 김치식품을 구매하는 비율이 증가하기 때문이다〈그림 10-11〉.

② 월별 고추 구매동향

월별 고추 구매패턴을 보면 연간 28,322원을 소비하는 생고추는 주로 8~9월 사이에 29.6%를 구매하고 있는데 이는 휴가철 외식소비를 하는 일반 풋고추와 김장철을 대비한 홍고추의 구매가 이 시기에 증가하기 때문이다.

월별 가구당 건고추 및 고춧가루 구매는 8월부터 증가하기 시작하여 9~11월 사이에 전체 금액의 약 78%를 구입하고 있다(표 10-12).

표 10-13 월별 가구당 건고추 및 고춧가루 구매액과 비중

구분	합계	1월	2월	3월	4월	5월	6월	7월	8월	9월	10월	11월	12월
금액 (원)	38,549	227	440	464	433	528	728	655	4,076	11,866	8,678	9,387	1,068
비중 (%)	100	0.6	1.1	1.2	1.1	1.4	1.9	1.7	10.6	30.8	22.5	24.4	2.8

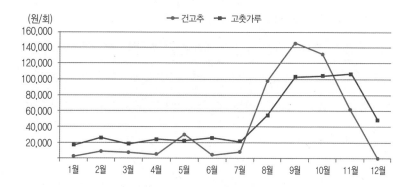

〈그림 10-12〉 월별 1회당 건고추 및 고춧가루 구매액 변화

월별 가구당 건고추 및 고춧가루 평균 1회당 구매금액 변화 추이
를 보면 건고추는 1~7월에는 10,103원이나 8~10월은 125,850원으
로 많았는데 이는 김장철을 대비한 수요이며, 건고추를 고춧가루보
다 1개월 선행하여 구매하고 있는 것으로 나타났다〈그림 10-12〉.

월별 가구당 고추 가공식품은 연중 고르게 구매하고 있으나, 8월
의 구매금액은 2,516원으로 나타났으며, 비율은 16.7%로서 다른
달에 비하여 높게 형성되었다(표 10-14).

표 10-14 월별 가구당 고추가공식품 구매

구분	합계	1월	2월	3월	4월	5월	6월	7월	8월	9월	10월	11월	12월
금액(원)	15,045	1,074	1,024	1,197	1,108	1,293	1,212	1,334	2,516	1,225	1,118	986	958
비중(%)	100	7.1	6.8	8	7.4	8.6	8.1	8.9	16.7	8.1	7.4	6.6	6.4

주) 고추가공식품 : 고추장, 조림고추, 고추부각, 물고추, 고추장아찌 등

③ 구입처별 고추 구매패턴

가구당 고추식품 구입처별 구매패턴을 조사한 결과에 의하면 생고추 구매는 전통시장 위주에서 소형슈퍼와 기업형슈퍼 위주로 변화되고 있으나 아직까지 전통시장 비중이 27.6%로 가장 높게 나타났다〈그림 10-13〉.

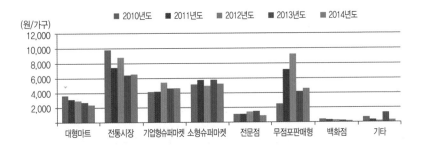

〈그림 10-13〉 생고추 구입처별 구매패턴

건고추 구입처는 무점포 판매형이 가장 높고, 다음은 전통시장 순으로 나타났으나 무점포 판매형은 2012년 이후 감소 추세를 보이고 있다. 건고추의 무점포 구입처별로 보면 고향의 친인척 또는

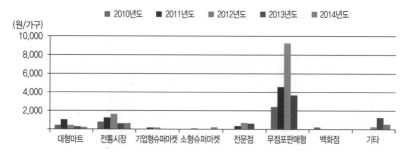

〈그림 10-14〉건고추 구입처별 구매패턴

주산지 건고추 재배농가 등의 품질에 대한 신뢰를 바탕으로 한 산지직거래 비중이 가장 높고, 다음은 구매의 편리성 등이 큰 노점상 순으로 나타났다〈그림 10-14〉.

고춧가루는 무점포 판매형이 가장 높고 다음은 전통시장 순으로 나타났는데 고춧가루 역시 건고추와 마찬가지로 가격이 높았던 2012년 이후 판매량이 감소 추세에 있는데, 이는 가정에서의 김장김치를 만드는 것이 줄어들기 때문이다〈그림 10-15〉. 무점포 구입처별로 보면 건고추와 마찬가지로 산지직거래 비중이 가장 높은 것으로 나타났다〈그림 10-16〉.

고추가공식품 구매처는 대형마트와 기업형슈퍼마켓, 소형슈퍼마켓 순으로 구입액 비중이 높은 것으로 나타났다. 대형마트를 통한 구매액 비중이 높은 것은 주차공간 등 소비자의 접근성 등이 상대적으로 편리하고, 다른 식품을 구매할 때 한 번에 같이 할 수 있기 때문으로 볼 수 있다〈그림 10-17〉.

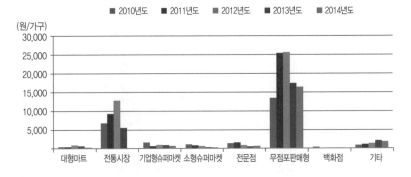

〈그림 10-15〉 고춧가루 구입처별 구매패턴

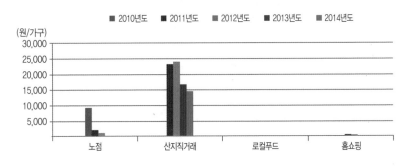

〈그림 10-16〉 고춧가루 무점포 유형별 구매패턴

④ 고추소비 대응전략

　도시소비자의 고추 구매금액이 2012년 이후 감소하고 있고, 또한 수입고추의 확대로 고추공급량 중에서 국내산이 차지하는 비중도 감소하고 있으나 소비자의 고추 구매패턴 분석결과를 활용하여 출하전략을 수립할 수 있을 것이다.

　소비자의 고추 구매물량은 2014년까지는 일반 풋고추 45%, 매운고추 31%, 꽈리고추 17%, 홍고추 8% 순으로 소비하고 있으므

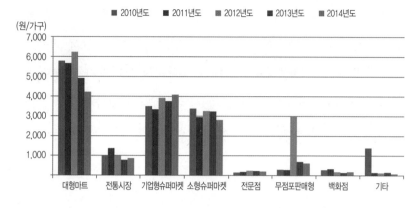

〈그림 10-17〉 고추 가공식품 구입처별 구매패턴

로 이러한 소비자의 구매패턴을 감안하여 작목을 선택하는 것이 안
정적인 소득을 창출할 수 있을 것이다.

　소비자의 고추 구입시기 변화에 따른 출하전략은 일반풋고추는
야외 나들이가 시작되는 3월 이후 점차 증가하기 시작하므로 출하시
기를 조절할 필요가 있고, 건고추 및 고춧가루는 김장시기 도래전인
8월부터 시작하여 11월까지 출하를 완료하는 것이 유리할 것이다.

　소비자의 구입처 변화에 따른 출하전략은 생고추는 전통시장이
우위를 점유하고 있는 가운데, 기업형슈퍼마켓과 소형슈퍼마켓의
비중이 확대되고 있는 추세이고, 고추가공식품은 대형마트, 기업형
슈퍼마켓, 소형슈퍼마켓에서 구입하는 비율이 우세하므로 도매시
장, 유통업체 MD 등과의 지속적 거래로 신뢰를 확보할 필요가 있
다. 특히 고추 주산지를 중심으로 법인, 작목반 단위의 조직화를 통
해 거래교섭력을 강화할 필요가 있다.

건고추와 고춧가루는 무점포판매형이 우위를 점유하고 있으며, 그 중 산지직거래 비율이 높은 것은 수입산과 달리 국산 건고추와 고춧가루에 대한 안전성을 중요하게 생각하는 소비자가 많기 때문이다. 앞으로 건고추 재배농가는 산지 직거래를 확대하기 위하여 블로그, 카카오스토리 등 SNS를 활용하거나 직거래장터를 적극 활용할 필요가 있다.

3. 우수사례

농가명	○○○ (58세)		주소: 충북 청원군		전화 ○○○○	
경영현황	규모: 1.5 ha		재배시설:터널+비가림시설		재배방법: 친환경재배	

연간노동 투하량(%)				○ 재식주수: 시설 2,400주/10a, 노지 2,700주/10a
자가	고용	계		○ 출하처: 직판 100%(전화 25%, 방문 13%, 계약 62%)
1,000	2,000	3,000		○ 주요품종: 다수계, 중과종

경영성과 (천 원)	구분	생산량	조수입	경영비	소득
	전체	4.8톤	160,000	41,253	118,747
	10a	320kg	10,667	2,750	7,916

작부체계	1월	2월	3월	4월	5월	6월	7월	8월	9월	10월	11월	12월
		○		×		≡	≡	≡	≡	≡		

기계 및 시설	트랙터, 경운기, 관리기, 관수시설, 건조기, 육묘시설

[농가현황 및 핵심기술]

구분	영농현황 및 핵심기술
농가 현황	●영농경력: 41년 (방송대졸, 충북대 최고농업경영자 과정 졸, 마이스터대학 재학) ●노동력: 자가 2명(임시고용 6명), ●재배규모: 1.5ha ●연 5회 교육 ●기계 및 시설: 트랙터 1, 경운기 2, 관리기 2, 관수시설 4조, 건조기 3, 육묘시설 0.1ha
	· 재배규모 확대 · · 전문교육 이수 및 연구 ·
재배 및 토양 관리	●육묘: 자가육묘, 접목재배 ●병해충방제: 친환경 액비 제조 주 2회 사전방제 ●밑거름: 완숙퇴비 75톤/10a(1.17ha) ●토양관리: 토양개량제 석회 150kg/10a, 미량원소, 효소균 섞인 유기물 투입 ●웃거름: 작물생육상황을 관찰하여 관수시 친환경 액비 시용(노력비 절감) ●신품종 시험재배, 대학실습장 제공 재배신기술 수용
	· 토양관리 연작장해 방지 · · 친환경재배 ·
수확 후 관리 기술	●적기수확: 고추 붉은색 60~70% 일 경우 수확 ●세척: 세척기 이용 ●건조: 건조기 60℃ 3시간(수분 20% 제거) → 하우스 건조(자갈, 적벽돌+숯) ●포장: 5kg, 10kg 단위의 P.E필름 포대 (친환경재배 인증표시, 매운맛정도, '청원생명고추', 농가연락처, 자체 브랜드 등) ●저장: 벌크단위 상온저장
	· 품질관리 청결고추 생산 · · 친환경농산물 인증 ·
마케팅 기술	●직거래 100%(전화주문 택배 25%, 방문구매 13%, 계약재배 62%) ■품질: 특상품 80%, 상품 20% ●생산자조직 브랜드, 친환경 인증 및 브랜드 추가 박스 표시 ●고객관리: 농한기 전화 소통, 포장재 내 안내장 첨부 등
	· 농산물 브랜드화 · · 고객관리 차별화 ·

효소이용 유기물	대학실습포장	고추 세척기	열풍건조기	자갈 건조

[수익성 분석]

| | 수량
(kg/10a) | 단가
(원/kg) | 수익성(천원/10a) | | | | | | | | 소득 |
| | | | 조수입 | 경영비 | | | | | | | |
				비료비	농약비	인건비	제재	시설	기타	경영비	
전국 평균	214	11,460	2,452	142	151	150	119	55	312	929	1,523
사례 농가	320	33,333	10,667	47	133	800	667	540	563	2,750	7,916
대비	1.5	2.9	4.4	0.3	0.9	5.3	5.6	9.8	1.8	3.0	5.2
사례농가 전체	4,800	33,333	160,000	703	2,000	12,000	10,000	8,100	8,450	41,253	118,747

- 단위면적당 수량은 시설재배와 병해충 예방 등으로 전국평균 대비 1.5배 높은 320kg/10a 임

- 농가수취가격은 친환경재배와 세척 및 태양열 건조로 인하여 품질이 좋고, 직거래로 인하여 2.9배 높은 33천 원/kg임

- 조수입은 수량증가와 판매가격이 높아 전국평균 대비 4.4배 높은 10,667천 원으로 높았음

- 경영비는 2,750천 원/10a로 전국평균 대비 3.0배 많음
  - 비료비, 농약비는 친환경 재배로 적으나 고용노력비 및 제재료비, 육묘 및 재배·건조시설비가 많았음

- 소득은 7,916천 원/10a로 전국평균 대비 5.2배 수준으로 높으며, 농가 전체적으로는 118,747천 원/1.5ha의 소득을 올렸음

□ 수익성 비교

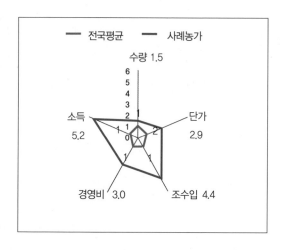

□ 경영비 비교

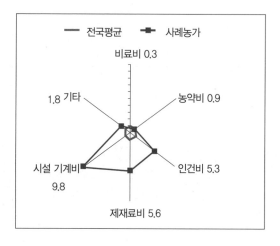

부록

고추의
품질 분석과 규격

부록

1. 고추의 품질 분석

　고추의 품질 특성을 나타내는 주요 항목은 수분, 색상, 신미성분, 유리당이다. 이들 각각의 특성과 분석 방법은 아래와 같다.

1 수분함량
　고추의 수분은 일반적으로 AOAC[1] 방법(1995)에 따라 상압 가열 건조법으로 측정한다. 건조오븐에 일정량의 고추시료를 넣고 105℃에서 4시간 건조 전 및 건조 후 무게 차이를 정밀 분석저울로 측정하여 다음과 같이 수분함량을 계산한다.

수분함량(wet basis) =
(건조 전 무게 − 건조 후 무게) / (건조 전 무게)×100 w%

2 색상(ASTA color)
　고추의 색상 품질은 대부분 붉은 색소 캡산틴 (capsanthin) 함량에 의하여 결정된다. 이화학적으로 캡산틴 함량을 정량분석하는 방법

---

1) AOAC(미국공식분석화학자협회, Association of Official Analytical Chemists)

은 시간과 비용이 많이 소요된다. 이러한 문제점을 보완하기 위하여 산업적인 측면에서 고추의 붉은 색소량을 쉽게 측정할 수 있는 방법을 미국양념무역협회(ASTA, American Spice Trade Association)에서 고추액상추출액을 이용하여 품질지수, 즉 고추색상값(ASTA color value)을 측정하는 ASTA-20.1 방법(ASTA, 1986)을 제시하였다.

측정 방법은 고춧가루 70~100mg을 50mL 용량 플라스크에 담아 아세톤을 첨가하여 추출하고 0℃, 암소에서 16시간 동안 방치한 다음 아세톤 추출물의 상징액을 취한 후 분광광도계(spectrophotometer)를 이용하여 460nm에서 용액의 흡광도를 측정하고 아래의 식에 의해 계산한다.

$$\text{ASTA color} = \frac{\text{흡광도} \times 16.4 \times \text{If}}{\text{시료 무게(g)}}$$

$$\text{If (기기보정요인, instrument correction factor)} = 100/(100\text{-수분함량})$$

일반적으로 ASTA color 값이 100인 경우 고추의 붉은 색소량이 3.0g/kg 함유되어 있는 것으로 알려져 있다. 세계 고추 시장에서 모든 고추 원료 및 조미료 품질은 ASTA color 규격에 의하여 평가하고 있으며 ASTA color 값을 기준으로 품질 등급은 하급 80~100, 중급 120~140, 상급 160~200 등으로 구분된다. 현재 국내산 고추의 평균 ASTA color는 100~120으로 나타나 고추품종, 재배방법, 수확시기 등의 개선이 필요하다.

3 신미성분(capsaicinoids)

고추의 신미성분은 오래전 HPLC 같은 정밀 분석장치가 없었을 때 관능에 의하여 측정하였다. 이것은 고추에 포함된 신미성분의 농도를 스코빌 단위(SHU, Scoville Heat Unit)로 계량화하여 표시하는 것이다. 1912년 미국의 화학자 윌버 스코빌(Wilbur Scoville)이 최초로 개발하였으며 어떤 고추가 매운지를 판단할 수 있는 기준을 설정하기 위해 작성하였다. 신미성분이 없는 피망 같은 고추를 0으로 하고 일정량의 고추시료에 설탕 같은 당분이 희석된 알코올 또는 물을 희석하여 5명의 관능평가자가 전혀 매운맛을 느끼지 못할 때의 희석배수를 수치화 한 것이다. 일반적으로 고추의 신미성분 관능치 SHU가 1,000 이하이면 순한 맛, SHU 2,000~3,000 보통 맛, 5,000~10,000 SHU 매운맛으로 평가된다.

미국, 유럽 등의 고추조미료는 대부분 SHU 1,000~1,500으로 아주 순한 맛에 속한다. 국내산 고추의 신미성분 평균치는 SHU 1,500~3,000로 순한 맛에 속하므로 다양한 고추 가공식품에 이용하기 위하여 SHU를 2,000~5,000으로 높일 필요가 있다. 신미성분이 강한 청양고추 품종의 경우 SHU는 20,000~30,000이다.

최근 HPLC를 사용하여 고추 신미성분을 정량 분석하고 있으며 국내산 고추 신미성분 범위는 10~50mg/100g이다. 신미성분 정량 분석치를 SHU로 전환하기 위하여 아래 식과 같이 150 또는 160 변환지수를 곱하면 된다.

$$SHU = Capsaicinoids\ mg/100g \times 150\ (160)$$

HPLC를 이용한 고추신미성분 분석방법을 보면, Vincent 등 (1989)의 방법에 따라 고춧가루 시료 100mg을 15mL Falcon tube 에 넣고 acetonitrile 5mL를 가한 뒤 Vortex mixer로 2분간 추출 한다. 고춧가루 추출액 1mL를 취해 증류수 9mL를 가하고 잘 섞 은 후, acetonitrile 5mL와 water 5mL로 미리 활성화한 C18 Sep-pak(Waters)에 통과시켜 흡착된 capsaicinoids를 탈착시키기 위해 acetonitrile 4mL와 1% acetic acid를 함유한 acetonitrile 1mL 을 통과시켜 매운 성분을 용출한다. 신미성분은 HPLC를 이용하여 정 량한다. 표준 물질은 capsaicin과 dihydrocapsaicin의 혼합물을 사용하고, 신미성분은 capsaicin과 dihydrocapsaicin의 합으로 계 산한다.

4 유리당(free sugar)

국내산 고추 원료의 유리당 성분은 18~20%에 달하며 6~8%인 해외 고추와 비교하여 평균 3배 이상 높다. 따라서 고추 품질 분석 에 매우 주요한 측정 항목이다. 고추의 유리당은 HPLC로 다음과 같이 분석한다.

50mL Falcon tube에 고춧가루 2g을 넣고 80% ethanol 40mL 를 가하여 Vortex mixer로 2분간 추출한 후 상징액을 $0.45 \mu m$ filter로 거른 후 HPLC로 측정한다.

2. 고추 품질 규격

1 건고추 및 고추

국내 건고추 원료 품질 규격은 3단계 특, 상, 보통으로 구분되며 국립농산물품질관리원에서 제정한 건고추 표준규격은 표 1과 같다. 건고추 품질 평가는 대부분 크기, 색택, 이물질 등 외형적 평가가 많으며 수분은 15% 이하로 규정하고 있다. 건고추 원료의 주요 품질 요소인 색상 ASTA color, 신미성분(mg/100g), 유리당(%) 등은 건고추 유통과정이나 정부 수매시 품질측정의 문제가 있어서 평가되지 않는다.

표 1 건고추 표준 규격(2011, 국립농산물품질관리원)

등급 항목	특	상	보통
낱개의 고르기	평균 길이에서 ±1.5cm를 초과하는 것이 10% 이하인 것	평균 길이에서 ±1.5cm를 초과하는 것이 20% 이하인 것	특, 상에 미달하는 것
색 택	품종 고유의 색택으로 선홍색 또는 진홍색으로서 광택이 뛰어난 것	품종고유의 색택으로 선홍색 또는 진홍색으로서 광택이 양호한 것	특, 상에 미달하는 것
수 분	15.0% 이하로 건조된 것	15.0% 이하로 건조된 것	15.0% 이하로 건조된 것
중결점과	없는 것	없는 것	3.0% 이하인 것
경결점과	5.0% 이하인 것	15.0% 이하인 것	25.0% 이하인 것
탈락 씨	0.5% 이하인 것	1.0% 이하인 것	2.0% 이하인 것
이 물	0.5% 이하인 것	1.0% 이하인 것	2.0% 이하인 것

| 표 2 | 고추(풋고추, 꽈리고추, 홍고추(물고추)) 규격 |

항목＼등급	특	상	보통
낱개의 고르기	평균 길이에서 ±2.0cm를 초과하는 것이 10% 이하인 것(꽈리고추는 20% 이하)	평균 길이에서 ±2.0cm를 초과하는 것이 20% 이하인 것(꽈리고추는 50% 이하)	특, 상에 미달하는 것
색 택	풋고추, 꽈리고추 : 짙은 녹색이 균일하고 윤기가 뛰어난 것 홍고추(물고추) : 품종 고유의 색깔이 선명하고 윤기가 뛰어난 것	풋고추, 꽈리고추 : 짙은 녹색이 균일하고 윤기가 뛰어난 것 홍고추(물고추) : 품종 고유의 색깔이 선명하고 윤기가 뛰어난 것	특, 상에 미달하는 것
신선도	꼭지가 시들지 않고 신선하며, 탄력이 뛰어난 것	꼭지가 시들지 않고 신선하며, 탄력이 양호한 것	특, 상에 미달하는 것
중결점과	없는 것	없는 것	5.0% 이하인 것
경결점과	3.0% 이하인 것	5.0% 이하인 것	20.0% 이하인 것

2 고춧가루

국내 고춧가루 품질 규격은 표 3과 같이 식품공전(5-21-5), 한국산업표준(KS H2157), 전통식품표준(T304) 등의 3개로 분류된다. 식품공전규격은 식품의약품안전처에서 고춧가루 가공공장의 HACCP관리를 추진하면서 제정되었으며 현재 전국 대형 HACCP 고춧가루 가공공장 90여 개소에 활용하고 있다. 전통식품표준규격은 고추 주산지 농협 및 영농법인에서 운영하는 고춧가루 가공공장에서 HACCP과 더불어 소비자에게 국산 건고추 원료를 사용한 제품이라는 신뢰성을 높이기 위하여 사용되고 있다. 한국산업표준규격은 최초 국내 고춧가루 규격으로 제정되었으나 영세한 고춧가루 가공공장에서 KS규격관리규정 실행이 어렵고 비용이 많이 들어 실제로 KS규격이 현장에서 잘 활용되지 못하고 있다.

국내 고춧가루 규격의 주요 사항을 보면 수분(%), 회분(%), 산불용성회분(%), 타르색소, 입도 등이 있으며 표 3과 같다. 수분의 경우 식품공전은 HACCP관리기준으로 하는데 현재 고춧가루 가공공장의 건고추 원료 수분이 15~16%이기 때문에 분쇄공정의 수분감모율 1~1.5%를 고려하여 15% 이하로 한다. 한국산업표준과 전통식품표준의 경우는 13%로 되어 있어 현실적으로 고춧가루 제품에 적용하기가 어려운 형편이다.

최근 한식세계화와 김치수출 증가로 국내 고추가공제품의 신미성분 규격화 필요성이 국내외 소비자에게서 요구되어 한국산업표준규격에서 국내 고춧가루의 신미성분 등급을 표 4와 같이 5단계로 구분하였다. 이것은 신미성분 함량(ppm, mg/kg)을 기준으로 순한맛(150미만), 덜매운맛(150~300), 보통매운맛(300~500), 매운맛(500~1,000), 매우매운맛(1,000이상)으로 구분하였으며, 2013. 12월 31일에 고춧가루 KS 규격(KS H2157)에 명시하고 2016년부터 고춧가루제품에 매운맛 정도를 표시(그림 1)하도록 규정하였다.

표 3 고춧가루 매운맛 정도 표시(한국산업표준규격)

단 계	1	2	3	4	5
표시내용	순한맛 (Mild Hot)	덜매운맛 (Slight Hot)	보통매운맛 (Medium Hot)	매운맛 (Very Hot)	매우매운맛 (Extreme Hot)
신미성분 (ppm, mg/kg)	150 미만	150~300	300~500	500~1,000	1,000이상

주) 고춧가루 매운맛 등급 표시제 신설도입(고시일로부터 2년간 유예)

| 표 4 | 국내 고춧가루 품질 규격(2014. 5. 현재) |

규격 \ 항목	식품공전 (5-21-5)	한국산업표준 (KS H2157)	전통식품표준 (TO34)
(1) 성상	–	고유의 색택으로 균일하고 이미, 이취 및 이물이 없어야 한다.	0.75
(2) 수분(%)	15.0 이하	13.0 이하	1.57
(3) 회분(%)	7.0 이하	7.0 이하	1.69
(4) 산불용성회분(%)	0.5 이하	0.5 이하	1.37
(5) 위해물	불검출	검출되어서는 안 된다.	1.07
(6) 곰팡이수	20%이하		0.79
(7) 타르색소	검출되어서는 안 된다.		3.42
(8) 이물(%, w/w)			1.25
(9) 대장균			2.03
(10) 대장균군(CFU/g)			11.18
(8) 입도(%)		○굵은고춧가루, 시험용 체 2.00mm 위에 10% 미만 남고, 시험용 체 850㎛ 위에 40% 이상 남을 것 ○보통고춧가루 시험용 체 850㎛ 위에 40% 미만 남고, 시험용 체 425㎛ 위에 60% 이상 남을 것 ○고운고춧가루 시험용 체 850㎛ 위에 5% 미만 남고, 시험용 체 425㎛ 위에 60% 이상 남을 것	○굵은고춧가루, 시험용 체 2.00mm 위에 10% 미만 남고, 시험용 체 850㎛ 위에 40% 이상 남을 것 ○보통고춧가루 시험용 체 850㎛ 위에 40% 미만 남고, 시험용 체 425㎛ 위에 60% 이상 남을 것 ○고운고춧가루 시험용 체 850㎛ 위에 5% 미만 남고, 시험용 체 425㎛ 위에 60% 이상 남을 것 ○고운고춧가루 시험용 체 850㎛ 위에 5% 미만 남고, 시험용 체 425㎛ 위에 60% 이상 남을 것	
(9) 신미성분 (ppm, mg/kg)		순한맛(150미만), 덜매운맛(150-300), 보통매운맛(300-500), 매운맛(500-1,000), 매우매운맛(1,000이상)	

대한민국 으뜸 농사기술서

고추

1판 1쇄 발행일 2016년 10월 26일
1판 3쇄 발행일 2018년 1월 23일

공 저 오대근 김우일 권오훈 김찬용 장길수 양은영 장윤아 조명철 최칠구
　　　곽한강 이주영 김주희 이경희 김길하 김흥태 구경형 박재복
펴낸이 이상욱

마케팅 김흥선 김용덕 황의성
디자인&인쇄 지오커뮤니케이션

펴 낸 곳 (사)농민신문사
출판등록 제25100-2017-000077호
주　　소 서울시 서대문구 독립문로 59
홈페이지 http://www.nongmin.com
전화 02-3703-6136 | **팩스** 02-3703-6213

ISBN 978-89-7947-158-8 (03520)

잘못된 책은 바꾸어 드립니다. 책값은 뒤표지에 있습니다.

이 도서의 국립중앙도서관 출판예정도서목록(CIP)은 서지정보유통지원시스템 홈페이지(http://seoji.nl.go.kr)와 국가
자료공동목록시스템(http://www.nl.go.kr/kolisnet)에서 이용하실 수 있습니다. (CIP제어번호 : CIP2016024803)